零起点看图学

LINGQIDIAN KANTUXUE

示波器
的使用

寇 恒　严君平　主 编

刘子帅　副主编

SHIBOQI DE SHIYONG

化学工业出版社

·北京·

图书在版编目（CIP）数据

示波器的使用/寇恒，严君平主编. —北京：化学工
业出版社，2012.10（2025.3重印）
（零起点看图学）
ISBN 978-7-122-15267-1

Ⅰ.①示…　Ⅱ.①寇…②严…　Ⅲ.①示波器-使用
方法　Ⅳ.①TM935.307

中国版本图书馆 CIP 数据核字（2012）第 210961 号

责任编辑：宋　辉　　　　　　文字编辑：云　雷
责任校对：陈　静　　　　　　装帧设计：王晓宇

出版发行：化学工业出版社（北京市东城区青年湖南街 13 号　邮政编码 100011）
印　　装：河北延风印务有限公司
850mm×1168mm　1/32　印张 9　字数 229 千字
2025 年 3 月北京第 1 版第 14 次印刷

购书咨询：010-64518888
售后服务：010-64518899
网　　址：http://www.cip.com.cn
凡购买本书，如有缺损质量问题，本社销售中心负责调换。

定　　价：29.00 元　　　　　　　　版权所有　违者必究

前言

FOREWORD

随着电子技术的飞速发展，我国电子产品的制造和应用日渐广泛。这将使在工厂企业及科研院所中从事各种电子产品开发、生产、调试、维修的工程技术人员越来越多，而电子测量仪器中的示波器，是他们日常工作中不可或缺的工具。所以，能使工程技术人员正确掌握各种示波器的使用方法，将为科研、生产调试及维修工作带来更高的效率。

本书从实用的角度分别对日常使用的各种类型示波器的基本工作原理、操作使用技巧、维护方法作了系统的介绍，并结合实例，图文并茂，务求让读者阅读后能轻松、快捷地掌握示波器的基本技能和技巧，能在实际中得到应用，使读者从零开始逐步成为行家里手。

在介绍每种仪器的使用方法时，本书结合大量实例，把讲解重点放在对各种信号测量的应用上，力求使读者能对在工作中出现的问题有迹可寻，达到举一反三的效果。本书还根据实际情况，突出了在日常工作中使用最多的示波器实际测量方法的讲解。

本书适合工厂企业中从事科研、生产、调试和维修的技术人员、广大电子爱好者阅读，也可作为高职高专院校及应用型本科院校电子信息类、电气工程及自动化类专业的教材参考。

本书由寇恒、严君平主编，刘子帅副主编，参加编写的还有郑美怡、张哲、郭伟、田继辉、师建军、吕芳芳等。

由于编者水平有限，编写时间仓促，书中难免有不妥之处，恳请同行和读者提出宝贵意见。

编者

目录

CONTENTS

第1章

了解示波器

1.1 示波器概述

1.1.1 示波器简介

示波器是电子示波器的简称，是一种基本的、应用最广泛的时域测量仪器。它能让人们观察到信号波形的全貌，能测量信号的幅度、频率、周期等基本参量，能测量脉冲信号的脉宽、占空比、上升/下降时间、振铃等参数，还能测量两个信号的时间和相位关系。

由于电子技术的进步，示波器从早期的定性观测，已发展到可以进行精确测量。其他非电物理量亦可以转换成电量，使用示波器进行观测。因此，示波器除了用来对电信号进行分析、测量，还广泛应用于国防、科研及工农业等各领域。

同时，示波器还是学习其他图示式仪器的基础。学习掌握了示波器的组成原理后，对扫频仪、频谱仪、逻辑分析仪及医用B超等各种图示式仪器的理解就容易了，常见示波器如图1-1所示。

示波器的主要特点如下。

① 由于电子束的惯性小，因而速度快，工作频率范围宽，适应于测试快速脉冲信号。

② 灵敏度高，因为配有高增益放大器，所以能够观测微弱信号的变化。

图 1-1　常见示波器

③ 输入阻抗高，对被测电路影响很小。

④ 随着微处理器、单片机和计算机技术在示波器领域里越来越广泛的应用，示波器的测量功能越来越强大，测量电参量的数量（包括通过传感器将非电量转换成的电参量）越来越多。

1.1.2　示波器的发展

1.初期模拟示波器时代

20世纪40年代是电子示波器兴起的时代，雷达和电视的开发需要性能良好的波形观察工具，泰克公司成功开发带宽10MHz的同步示波器，这是近代示波器的基础。50年代半导体和电子计算机的问世，促进电子示波器的带宽达到100MHz。60年代美国、日本、英国、法国在电子示波器开发方面各有不同的贡献，出现带宽6GHz的取样示波器、带宽4GHz的行波示波管、1GHz的存储示波管；便携式、插件式示波器成为系列产品。70年代模拟式电子示波器达到高峰，行谱系列非常完整，带宽1GHz的多功能插件式示波器标志着当时科学技术的高水平，为测试数字电路又增添逻辑示波器和数字波形记录器。模拟示波器从此没有更大的进展，开始让位于数字示波器，英国和法国甚至退出示波器市场，技术以美国领先，中低档产品由日本生产。

2.中期数字示波器崛起

20世纪80年代的数字示波器处在大发展阶段,美国的TEK公司和HP公司都停产模拟示波器,并且只生产性能好的数字示波器。对数字示波器的发展作出了贡献。进入90年代,数字示波器除了提高带宽到1GHz以上,更重要的是它的全面性能超越模拟示波器。出现所谓数字示波器模拟化的现象,尽量吸收模拟示波器的优点,使数字示波器更好用。

这时数字示波器首先在取样率上提高,从最初取样率等于两倍带宽,提高至五倍甚至十倍,相应对正弦波取样引入的失真也从100%降低至3%甚至1%。带宽1GHz的取样率就是5GHz/s,甚至10GHz/s。同时提高数字示波器的更新率,达到模拟示波器相同水平,最高可达每秒40万个波形,使观察偶发信号和捕捉毛刺脉冲的能力大为增强。采用多处理器帮助信号处理能力,从多重菜单的烦琐测量参数调节,改进为简单的旋钮调节,甚至完全自动测量,使用上与模拟示波器同样方便。

3.具备模拟功能的 数字示波器

数字示波器缺少余辉显示功能,也就是没有模拟示波器的辉度分阶显示。因为它是数字处理,只有两个状态,非高即低,原则上波形也是"有"和"无"两个显示。为达到模拟示波器那样的多层次亮度变化,必须采用专用图像处理芯片,例如TEK公司采用DPX型处理器芯片,具有数据采集、图像处理和存储等多项功能,DPX芯片由130万个晶体管组成,采用0.65μm的CMOS工艺,并行流水结构,取样率高。它既是数据采集芯片,同时也是光栅扫描器,模拟示波管屏幕荧光体的发光特性,用16级亮度分级,将波形存储在500×200像素的LCD单色或彩色显示屏上,每1/30s更新一次。由于模拟存储示波器只能依靠照相底片记录波形,对数据保存并不方便,而数字荧光示波器是数字处理的显示,数据记录、处理、保存都十分方便。例如用红色表示出现概率最高的波形,蓝色表示出现概率最低的波形,达到一目了然。由于数字示波器已经达到4GHz以上带宽的水平,配合荧光显示特性,总的性能优于模拟存储示波器。

4.数字荧光示波 器的出现

数字荧光示波器的出现为示波器系列增加了一种新的类型,能实时显示、存储和分析复杂信号的三维信号信息;幅度、时间和整个时间的幅度分布。

模拟示波器采用串行处理的体系结构捕获、显示和分析信号;数字荧光示波器为完成这些功能采用的是并行体系结构,并行结构和基于ASIC硬件的处理技术,使数字荧光示波器能够捕捉到当今复杂的动态信号中的全部细节和异常情况,并以人类的眼睛的接受速度显示出来。普通数字示波器要观察偶发事件需要使用长时间记录,然后作信号处理,这种办法会漏掉非周期性出现的信号和不能显示出信号的动态特性。数字荧光示波器能够显示复杂波形中的微细差别,以及出现的频繁程度。

5. 手持式示波器

手持式示波器,体积小巧,方便携带,由于其便携性,重量轻可由电池供电,特别适于现场使用。

现在各个示波器生产厂家对手持数字示波器还在不断地改进和更新,一般可满足20M带宽,100MS/s实时采样率下的精确测试。使用TFT真彩色液晶显示,让测试环境更舒适自然。有些示波器还会集合数字示波器和万用表功能,方便工程技术人员的测量使用。

6. PC机虚拟示波器

近些年随着计算机PC技术和微电子技术的大力发展,人们已经可以使用PC机外接对应的模块来完成示波器的功能。这种技术可以通过笔记本中安装对应的软件来实现功能,再也不用担心由于设备长时间使用而造成的按钮和硬件的损坏,并且改变了以前设备较大不方便携带的弊端,如有需要使用不同应用项目和系统要求的工程人员,虚拟示波器可以非常灵活的进行平台开发,以便创建适合自己的解决方案,可以使用虚拟仪器以满足特定的需要,使用安装在PC机上的应用软件和一系列可选的插入式硬件,无需更换整套设备,即能完成新系统的开发。

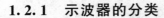

1.2 示波器的种类及特点

1.2.1 示波器的分类

示波器发展到现在已经有非常多的种类,也可从不同的方面对示波器进行分类,分类方法如图1-2所示。

1.2.2 各类示波器的特点

(1) 根据测量功能分

① 模拟示波器 (ART)

模拟示波器是使用模拟控制电路的示波器,通过 CRT 显像管进行呈像。它的原理和显像管电视基本相同，都是通过其显像管内部的电子枪向屏幕发射电子，电子束投到荧幕的某处，屏幕后面总会有明亮的荧光物质被点亮，直接反映到屏幕上。常见模拟示波器如图 1-3 所示。

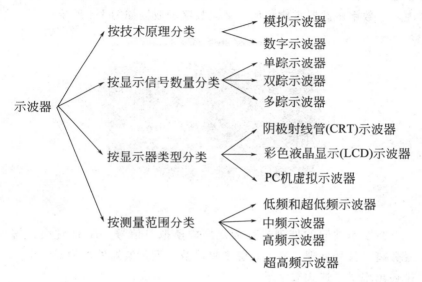

图 1-2　示波器的分类

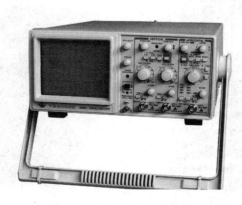

图 1-3　常见模拟示波器

② 数字示波器（DSO）

与模拟示波器不同，数字示波器通过模数转换器（ADC）把被测电压转换为数字信息。它捕获的是波形的一系列样值，并对样值进行存储，存储限度是判断累计的样值是否能描绘出波形为止。随后，数字示波器重构波形。常见数字示波器如图 1-4 所示。

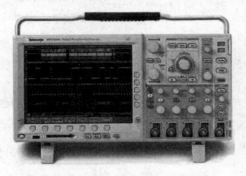

图 1-4　常见数字示波器

数字示波器的处理过程为：采样模拟量信号、A/D 转换、信号分离、信号处理、显示。除常见的数字型示波器外，为了便于携带还出现了手持式数字示波器。如图 1-5 所示。

图 1-5　手持式数字示波器

图 1-6　常见单踪示波器

（2）根据可显示信号的数量分

①单踪示波器

单踪示波器是只可以显示一个信号的示波器，结构比较简单只能够检测一个信号的波形和相关参数。常见单踪示波器如图 1-6 所示。

②双踪示波器

双踪示波器与单踪示波器的不同是它同时有 2 个信号输入端，可以同时在显示屏上显示两个不同的信号波形及相关参数。常见双踪示波器如图 1-7 所示。

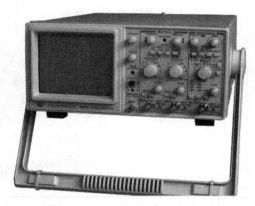

图 1-7　常见双踪示波器

③多踪示波器

多踪示波器是同时有 2 个以上信号输入端，可以同时在屏幕上显示多个不同信号源的波形及其参数。常见多踪示波器一般是四踪示波器，如图 1-8 所示。

（3）根据显示器类型分

①阴极射线管（CRT）示波器

阴极射线管（CRT）简称示波管，是阴极射线管（CRT）示波器的核心。它将电信号转换为光信号。将电子枪、偏转系统和荧光屏三部分密封在一个真空玻璃壳内，构成了一个完整的示波管。阴极射线管（CRT）示波器如图 1-9 所示。

图1-8 常见多踪示波器

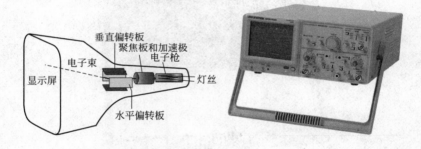

图1-9 阴极射线管（CRT）示波器

② 彩色液晶显示（LCD）示波器

彩色液晶显示（LCD）示波器是采用液晶显示屏（LCD）来显示波形的，与阴极射线管（CRT）相比彩色液晶显示的清晰度和显示的多样性要高，可以显示相对复杂的波形。常见彩色液晶显示（LCD）示波器如图1-10所示。

③ PC机虚拟示波器

PC机虚拟示波器是通过电脑配套的硬件进行信号的采集，然后由电脑进行分析，并将所需要的波形和数据显示在电脑的显示屏上，同时还可以将所有数据记录到电脑上，方便使用时进行提取或打印。PC机虚拟示波器如图1-11所示。

图 1-10　彩色液晶显示（LCD）示波器

图 1-11　PC 机虚拟示波器

（4）根据测量范围分

① 低频和超低频示波器

低频和超低频示波器适用于检测低频信号，例如声音信号等，测量范围一般在 0～1MHz 的信号。常见的低频示波器如图 1-12 所示。

② 中频示波器（普通示波器）

中频示波器使用范围较广，也可称为普通示波器，测量范围一般为 1～60MHz，常见的几种有 20MHz、30MHz、40MHz 的示波

图 1-12　低频示波器

器。常见中频示波器如图 1-13 所示。

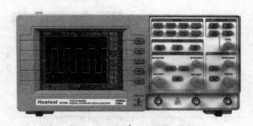

图 1-13　中频示波器

③ 高频示波器

高频示波器可以检测频率较高的信号，一般检测信号 100MHz 以上，范围为 100～1000MHz。常见的有 100MHz、150MHz、200MHz、300MHz 的示波器。常见的高频示波器如图 1-14 所示。

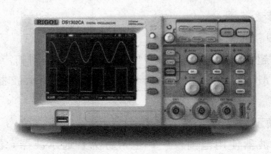

图 1-14　高频示波器

④ 超高频示波器

超高频示波器适用于检测超高频率的信号，一般检测频率为 1000MHz 以上的。常见的超高频示波器如图 1-15 所示。

常用的示波器按其技术原理可分为模拟示波器和数字示波器。

图 1-15　超高频示波器

1.2.3　模拟示波器特点及分类

模拟示波器工作方式是直接测量信号电压，并通过从左到右穿过示波器屏幕的电子束在垂直方向描绘电压。示波器屏幕通常是阴极射线管（CRT）的电子束投到荧幕的某处，屏幕后面总会有明亮的荧光物质。当电子束水平扫过显示器时，信号的电压是电子束发生上下偏转，跟踪波形直接反映到屏幕上。在屏幕同一位置电子束投射的频度越大，显示得也越亮。

CRT 限制着模拟示波器显示的频率范围。在频率非常低的地方，信号呈现出明亮而缓慢移动的点，而很难分辨出波形。在高频处，起局限作用的是 CRT 的写速度。当信号频率超过 CRT 的写速度时，显示出来的过于暗淡，难于观察。模拟示波器的极限频率约为 1GHz。

(1) 模拟示波器（ART）特点

① 操作简单：全部操作都在面板上（图 1-16），波形反应及时，而数字示波器往往要较长处理时间。

② 垂直分辨率高：连续而且无限级，数字示波器分辨率一般只有 8~10 位。

③ 数据更新快：每秒捕捉几十万波形，数字示波器每秒捕捉几十个波形。

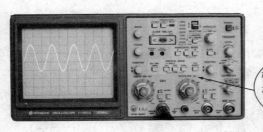

模拟示波器采用机械式面板控制，功能变化少，设置少，操作简单

图 1-16　模拟示波器面板

④ 实时带宽和实时显示：连续波形与单次波形的带宽相同，数字示波器的带宽与取样率密切相关，取样率不高时需借助内插计算，容易出现混淆波形。

（2）模拟示波器（ART）分类

① 通用示波器通过单束示波管进行显示，有单踪型和多踪型，能够定性、定量地观测信号，是最常用的示波器。多踪示波器是采用单束示波管而带有电子开关的示波器，它能同时观测几路信号的波形及其参数。通用示波器如图 1-17 所示。

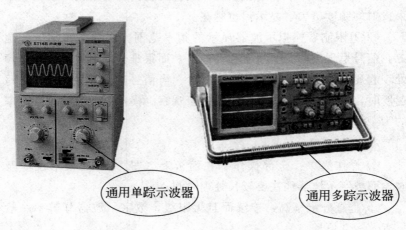

通用单踪示波器

通用多踪示波器

图 1-17　通用示波器

② 多束示波器通过多束示波管进行显示。与通用示波器的叠

加或交替显示多个波形不同，其屏显的每个波形都由单独的电子束产生，同时观测、比较两个以上的波形非常方便。常见多束示波器如图 1-18 所示。

图 1-18　常见多束示波器

　　③ 取样示波器根据取样原理将高频信号转换为低频信号，然后以通用示波器显示其波形。被测信号的周期被大大展宽，便于观察信号的细节部分，常用于观测 300MHz 以上的高频信号及脉冲宽度为纳秒级的窄脉冲信号。常见取样示波器如图 1-19 所示。

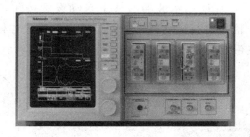

图 1-19　常见取样示波器

1.2.4　数字示波器特点及分类

　　数字示波器采用 LCD 液晶显示屏作为显示器件，内部电路采用数字技术，使示波器的性能得到了进一步提升，同时带宽也得到了提升。它主要以微处理器、数字存储器、A/D 与 D/A 转换核心、输入信号通过 A/D 转换把模拟波形转换成数字信息，存储在数字存储器内，显示时再从存储器中读出，经过 D/A 转换器将数字信息转换成模拟波形显示到液晶显示屏上。

（1）数字示波器特点

　　① 波形显示直观：数字示波器在显示波形时比较直接，波形的类型、屏幕标尺的幅度、周期都直接在显示器上显示，如图 1-20 所

图 1-20　数字示波器显示界面

示，通过看这些基础数据可以很方便地读出或计算出需要的数据。

②可自动进行调整：数字示波器一般都具有自动设置按钮，如图 1-21 所示，在使用示波器时按下自动设置按钮，示波器便会自动对其输入信号进行检测搜索，并自动设置成最佳输出状态进行输出，显示在液晶显示屏上。

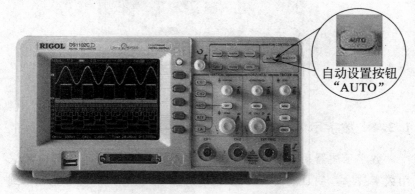

自动设置按钮 "AUTO"

图 1-21　数字示波器自动调整

③可进行屏幕捕捉和存储：在观察波形时如果正在显示的检测波形为动态波形，我们可以使用屏幕捕捉按键，如图 1-22 所示，使显示屏上显示的波形暂停，就是相当于存储记忆了波形，便于使用者分析波形的参数。

④可与电脑进行连接：大部分数字示波器都有 USB 接口，如图 1-23 所示，可以通过 USB 线与电脑相连接，在电脑里安装相应

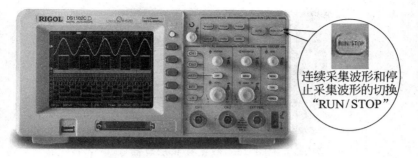

连续采集波形和停止采集波形的切换"RUN/STOP"

图 1-22　数字示波器屏幕捕捉

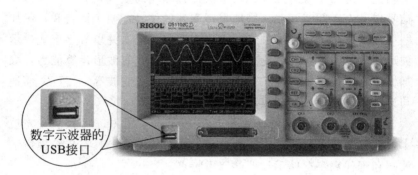

数字示波器的USB接口

图 1-23　数字示波器 USB 接口

的软件后可以通过电脑对示波器进行控制，并可以使用电脑进行波形数据的存储和影响采集，便于以后使用。

⑤ 带宽高：由于数字示波器采用数字技术处理波形，所显示波形的频率不受显示器件的影响，而模拟示波器的显示屏最高显示频率为1GHz，无法再显示更高频率的波形。数字示波器采用 LCD 液晶显示器不受频率的限制，可以显示更高的频率。如要改善带宽只需要将前端的 A/D 转换性能，对显示器和扫描电路没有特殊的要求。

（2）数字示波器分类

① 数字存储示波器，如图 1-24 所示，数字存储示波器能将电压信号经过数字化处理后再重建波形，具有记忆、存储被观测信号

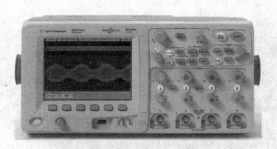

图 1-24　数字存储示波器

的功能，可以用来观测和比较单次过程和非周期现象、低频和慢速信号以及在不同时间或不同地点观测到的信号。便于捕获和显示那些可能只发生一次的事件，通常称为瞬态现象。并以数字形式表示波形信息，实际存储的是二进制序列。它还具有波形运算能力，如加、减、乘、除、峰值、平均、内插、FFT、滤波等，并可方便地与计算机及其他数字化仪器交换数据。

② 数字荧光示波器，如图 1-25 所示，采用先进的数字荧光技术，能够通过多层次辉度或彩色显示长时间信号，具有传统模拟示波器和现代数字存储示波器的双重特点。

图 1-25　数字荧光示波器

1.2.5　数字示波器与模拟示波器的比较

模拟示波器为工程技术人员提供眼见为实的波形，在规定的带宽内可非常放心进行测试。人类五官中视觉的神经十分灵敏，屏幕波形瞬间反映至大脑作出判断，细微变化都可感知。因此，当时模拟示波器深受使用者的欢迎。

随着数字示波器的出现，在某些情况下它已经开始取代模拟示波器，是选用模拟示波器还是数字示波器作为测量工具完全取决于要进行测量的工作和要测量的信号。有些情况下数字示波器的优点比较明显，而在另一些情况下模拟示波器要比现有的数字示波器好。

（1）简单重复性信号

使用模拟示波器（ART）和数字示波器（DSO）通常都能很好地观察简单重复性信号。但是两者都有其优点和局限性。对于模拟示波器来说，由于 CRT 的余辉时间很短，因而很难显示频率很低的信号。由于示波管上的扫迹亮度和扫描速度成反比，所以具有快速上升、下降时间的低重复速率信号就很难看到。而 DSO 的扫迹亮度和扫描速度与信号重复速率无关。随着被测信号情况的不同，这个可能是优点也可能是缺点。对于显示具有足够重复速率的重复性信号的快速沿来说，DSO 和模拟示波器的性能几乎没有什么区别。用两种示波器都能很好地观察信号波形。

当要进行信号参量的测量时，DSO 的优点在于具有自动测量的能力。而使用模拟示波器时，用户必须自己设置光标，分析理解显示的波形才能得到测量的结果。如果要进行调整工作，那么一般最好使用模拟示波器。这是因为模拟示波器的实时显示能力使它在每一时刻都能显示出输入的电压。其波形更新速率（每秒钟在屏幕上描画扫迹的次数）很高。在高扫描速度时可以远超过 100000 次扫描/秒。所以信号的任何变化都会立即显示出来。而且有些信号的变化会在显示屏幕上以波形亮度变化的形式表现出来。与模拟示波器相反，DSO 所显示的是用采集的波形数据重建的波形。每秒钟采集波形的次数远低于 100 次。在有些示波器上，甚至不超过 5 次。结果在信号发生变化和变化了的信号在屏幕上显示出来之间就有了明显的时间延迟。当对系统进行调整工作时，这是使用 DSO 的重大缺点。

（2）比较复杂的重复性信号

上述的简单重复性信号可以在很多电子学领域中见到，这些信号常用来作为信息的载体。因此可以有多种形式，例如正弦波、脉冲、斜波或阶梯波等。而且多种调制信号和多种调制方式常常可能同时使用。一个常见的复杂模拟信号的事例就是全电视信号。此信号由多种不同频率不同幅度的分量构成。既包括脉冲也包括方波，再加上为表示彩色信息而进行了相移的另外的正弦波。对于这样的情况，模拟示波器和 DSO 都有其自己特别的优点，各自都能对信号的不同部分进行最佳的观察。

例如模拟示波器具有无限的分辨率和每秒钟很高的扫描次数，它能显示出波形在时间上的分布。波形扫描上的亮度变化正比于信号在某一特定电平持续的时间。这就很好地显示出了彩色调制的情况。由于示波器具有很高的波形更新速率，所以能立即显示出对系统进行调整的效果。使用 DSO 时，由于其采样点数有限以及没有亮度的变化，使得很多波形细节信息无法显示出来。虽然有些 DSO 可能具有两个或多个亮度层次，但这只是相对意义上的区别，再加上示波器有限的显示分辨率，使它仍然不能重现模拟显示的效果。

如果只要显示一行视频信号的小部分，例如某一特定行中的 TV 发送测试信号、图文电视数据或者某一特定行上彩色脉冲群，那么最好使用 DSO。如果使用模拟示波器，则由于相对比较低的信号重复速率，再加上要观察的信号部分本身时间很短，很容易导致显示的画面太暗而难以看见。而 DSO 则不论信号的重复速率高低，都具有一致的亮度，因而能以很高的亮度显示此信号。

如果重复性的波形中还包含着宽度很窄的尖峰或毛刺，那么使用模拟示波器观察整个波形是不可能看到这些尖峰或毛刺的。而当使用 DSO 时，使用峰值检测就可以把这些尖峰显示出来。

（3）非重复性信号和瞬变

模拟示波器和 DSO 的主要区别在于 DSO 能够存储波形信息。这使得 DSO 在研究非重复性信号和瞬变的工作中具有特别宝贵的价值。非重复性信号和瞬变在很多系统中都可以看见。例如，测量一个电系统的冲击电流、破坏性实验中的参数测量，在破坏性实验中只能进行一次测量。虽然很多模拟示波器也常常有单次测量能力，即可以产生单次的时基扫描。

在 DSO 出现以前，非重复性信号和瞬变由于观察极为困难而且代价过高，所以此类工作很多情况下都只能选择放弃。因为那时，观察这类信号需要使用昂贵的模拟存储示波器、照相机和长余辉示波管等。

如果某一事件只发生一次，那么模拟示波器通常是不能应付的。而这正是 DSO 展示其强大能力的时机，DSO 能捕捉这种罕见的一次性事件，并能按照所希望的长时间的将它显示出来。这种罕见的事件甚至可能是干扰的结果。通过用干扰本身来触发，DSO 具有显示预触发的能力，包括显示干扰的原因。

1.3 示波器的选择与应用

1.3.1 示波器的选择

自从示波器问世以来，它一直是最重要、最常用的电子测试工具之一。由于电子技术的发展，示波器的能力也在不断提升，在市场上所能见到示波器的品种非常多，其性能与价格也是多种多样，要在选择时如何能够选择一款适合自己使用的示波器，我们应该考虑如下几点因素。

（1）首先考虑要选择示波器的因素

了解所测试信号的类型；要捕捉并观察的信号其典型性能是什么；信号是否有复杂的特性；要检测的信号是重复信号还是单次信号；同时显示的信号数；要测量的信号过渡过程带宽，或者上升时间是多大；用何种信号特性来触发短脉冲、脉冲宽度、窄脉冲等。

（2）考虑选择示波器的类型

传统的观点认为模拟示波器具有熟悉的面板控制，价格低廉，因而总觉得模拟示波器"使用方便"。但是随着 A/D 转换器速度逐年提高和价格不断降低，以及数字示波器不断增加的测量能力和实际上不受限制的各种功能，数字示波器已独领风骚。

（3）考虑示波器的带宽

带宽一般定义为正弦输入信号幅度衰减到 $-3dB$ 时的频率，即 70.7%，带宽决定示波器对信号的基本测量能力。随着信号频率的增加，示波器对信号的准确显示能力将下降，如果没有足够的带宽，示波器将无法分辨高频变化。幅度将出现失真，边缘将会消失，细节数据将被丢失。如果没有足够的带宽，得到的关于信号的所有特性，包括响铃和振鸣等都毫无意义。

一个决定所需要的示波器带宽有效的经验法则是"5 倍准则"；即将要测量的信号最高频率分量乘以 5。这将会使在测量中获得高于 2% 的精度。在某些应用场合，若不知道感兴趣的信号带宽，但是知道它的最快上升时间，大多数字示波器的频率响应用下面的公式来计算关联带宽和仪器的上升时间：$B_w = 0.35/$ 信号的最快上升时间。

带宽有两种类型：重复（或等效时间）带宽和实时（或单次）带宽。重复带宽只适用于重复的信号，显示来自于多次信号采集期间的采样。实时带宽是示波器的单次采样中所能捕捉的最高频率，且当捕捉的事件不是经常出现时要求相当苛刻。实时带宽与采样速率联系在一起。

由于更宽的带宽往往意味着更高的价格，因此应对照你的预算来评定通常要观察信号的频率成分。

（4）考虑示波器的采样速率

采样速率定义为每秒采样次数（S/s），指数字示波器对信号采样的频率。示波器的采样速率越快，所显示的波形的分辨率和清晰度就高，重要信息和事件丢失的概率就越小。如果需要观测较长时间范围内的慢变信号，则最小采样速率就变得较为重要。为了在显示的波形记录中 保持固定的波形数，需要调整水平控制按钮，而所显示的采样速率也将随着水平调节按钮的调节而变化。

计算的采样速率方法取决于所测量的波形的类型，以及示波器所采用的信号重建方式。为了准确地再现信号并避免混淆，奈奎斯定理规定：信号的采样速率必须不小于其最高频率成分的两倍。然而，这个定理的前提是基于无限长时间和连续的信号。由于没有示波器可以提供无限时间的记录长度，而且，从定义上看，低频干扰是不连续的，所以采用两倍于最高频率成分的采样速率通常是不够的。实际上，信号的准确再现取决于其采样速率和信号采样点间隙所采用的插值法。一些示波器会为操作者提供以下选择：测量正弦信号的正弦插值法，以及测量矩形波、脉冲和其他信号类型的线性插值法。

有一个在比较取样速率和信号带宽时很有用的经验法则：如果您正在观察的示波器有内插（通过筛选以便在取样点间重新生成），则取样速率/信号带宽的比值至少应为 4：1。无正弦内插时，则应采取 10：1 的比值。

(5) 考虑示波器屏幕的刷新率

所有的示波器都会闪烁。也就是说，示波器每秒钟以特定的次数捕获信号，在这些测量点之间将不再进行测量。这就是波形捕获速率，也称屏幕刷新率，表示为波形数每秒（wfms/s）。采样速率表示的是示波器在一个波形或周期内，采样输入信号的频率；波形捕获速率则是指示波器采集波形的速度。波形捕获速率取决于示波器的类型和性能级别，且有着很大的变化范围。高波形捕获速率的示波器将会提供更多的重要信号特性，并能极大地增加示波器快速捕获瞬时的异常情况，如抖动、矮脉冲、低频干扰和瞬时误差的概率。

数字存储示波器（DSO）使用串行处理结构每秒钟可以捕获

10～5000 个波形。DPO 数字荧光示波器采用并行处理结构，可以提供更高的波形捕获速率，有的高达每秒数百万个波形，大大提高了捕获间歇和难以捕捉事件的可能性，并能更快地发现信号存在的问题。

（6）考虑示波器的存储深度

存储深度是示波器所能存储的采样点多少的量度。如果需要不间断地捕捉一个脉冲串，则要求示波器有足够的存储器以便捕捉整个事件。将所要捕捉的时间长度除以精确重现信号所需的取样速度，可以计算出所要求的存储深度，也称记录长度。

在正确位置上捕捉信号的有效触发，通常可以减小示波器实际需要的存储量。存储深度与取样速度密切相关。所需要的存储深度取决于要测量的总时间跨度和所要求的时间分辨率。现代的示波器允许用户选择记录长度，以便对一些操作中的细节进行优化。分析一个十分稳定的正弦信号，只需要 500 点的记录长度；但如果要解析一个复杂的数字数据流，则需要有一百万个点或更多点的记录长度。

（7）考虑示波器要求何种触发

示波器的触发能使信号在正确的位置点同步水平扫描，决定着信号特性是否清晰。触发控制按钮可以稳定重复的波形并捕获单次波形。大多数通用示波器的用户只采用边沿触发方式，但是其他触发方式在某些应用场合，例如对新设计产品的故障查寻是非常有用的。先进的触发方式可将所关心的事件分离出来，从而最有效地利用取样速度和存储深度。

现今有很多示波器，具有先进的触发能力：能根据由幅度定义的脉冲（如短脉冲），由时间限定的脉冲（脉冲宽度、窄脉冲、转换率、建立/保持时间）和由逻辑状态或图形描述的脉冲（逻辑触发）进行触发。扩展和常规的触发功能组合也帮助显示视频和其他难以捕捉的信号，如此先进的触发能力，在设置测试过程时提供了很大程度的灵活性，而且能大大地简化工作。

（8）考虑示波器有多少通道

对于通常的经济型故障查寻应用来说，需要的是双通道示波器。然而，如果要求观察若干个模拟信号的相互关系，将需要一台4通道示波器。许多工作于模拟与数字两种信号的系统的工程师也考虑采用4通道示波器。还有一种较新的选择，即所谓混合信号示波器，它将逻辑分析仪的通道计数及触发能力与示波器的较高分辨率综合到具有时间相关显示的单一仪器之中。

（9）考虑示波器的指标精度

示波器的指标有很多：如垂直灵敏度、扫描速度、增益精度、时间基准、垂直分辨率、保修期等。

（10）确定所需要的分析功能

数字示波器的最大优点是它们能得到的数据进行测量，且按一下按钮即可实现各种分析功能。虽然可利用的功能因厂家和型号而异，但它们一般包括诸如频率、上升时间、脉冲宽度等的测量。某些数字示波器还提供快速傅里叶变换（FFT）功能。

（11）选择探头和附件

当安上探头时，它就成为电路的一部分了，这一点很容易被忽视。结果造成了电阻性、电容性和电感性负载，使示波器呈现出与被测对象不同的测量结果。因此，针对不同应用应备有适当的探针，然后选择其中一种，使负载效应最小，使信号得到最精确的复现。

1.3.2 示波器的应用

用示波器检测电子线路故障时，不仅直观，而且简

滤波电容全桥整流变压器

图 1-26 整流滤波电路实物

捷。比如检测整流滤波电路，如图 1-26 所示。只要我们知道正常的波形是什么样的，如图 1-27 所示。然后用示波器的探头去测关键测试点与正常的波形进行比对，根据波形即可判断故障的原因。

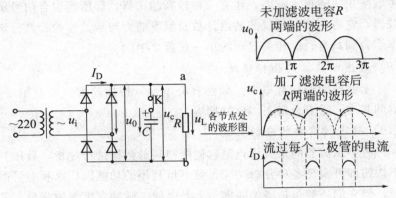

图 1-27　整流滤波电路正常的波形

在正确应用示波器检修家用电器和电子设备的前提首先是能正确识读电路图。正确识读电路图是维修工作的第一步。"识读"就是根据电原理图全面的认识电路的工作原理和结构特点，了解信号的产生和传输过程、电流电压的各种变化、各部分的功能及元件的作用。

例如，当用电器在使用时有嗡嗡的交流声时，就要检查电源滤波部分是否有问题，用示波器探头检测 a、b 两点，显示波形如图 1-28 所示。比对正常波形，可判断在直流输出中叠加了 50Hz 正弦波，说明滤波电容有问题，更换电容后，无任何杂声。

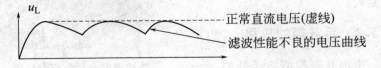

图 1-28　曲实线为示波器上显示的波形

1. 简述示波器的发展过程。

2. 简述示波器是如何分类的?

3. 模拟示波器和数字示波器的主要特点是什么?

4. 模拟示波器和数字示波器的主要区别是什么?

5. 选择示波器的时候应考虑什么?

第 2 章

单踪示波器的使用

　　示波器的种类有很多，本章主要介绍单踪示波器，单踪示波器的按钮比较少，使用比较方便，在一些被测波形频率不是很高的地方，单踪示波器还是比较常见的。

2.1　单踪示波器 ST16 的介绍

2.1.1　单踪示波器 ST16 简介

　　单踪示波器 ST16（如图 2-1 所示）是一种便携式单踪示波器，

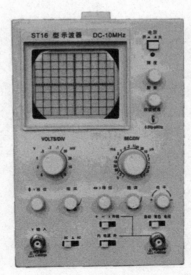

图 2-1　单踪示波器 ST16

它的主要特点是 Y 放大器频带宽度为 0～10MHz，偏转灵敏度为 5mV/DIV～5V/DIV，配以 10：1 探头灵敏度可达 50V/DIV。ST16 触发灵敏度高，调节电平很容易获得稳定同步，水平系统具有 0.1s/DIV～0.1μs/DIV 的扫描速度。

2.1.2 单踪示波器 ST16 的组成及工作原理

单踪示波器 ST16 由示波管、Y 轴放大器、X 轴放大器、扫描发生器、电源和试探头等几大部分组成，它的组成如图 2-2 所示。

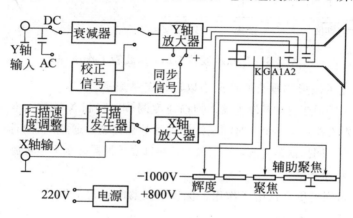

图 2-2 单踪示波器 ST16 的组成

（1）阴极射线示波管

单踪示波器 ST16 是利用显示器显示波形的，阴极射线示波管 CRT 实际上是一种真空管，它是示波器的重要组成部分，它的作用就是把电信号转换为光信号而加以显示。它的构造与电视机显像管相同，主要由电子枪、偏转系统和荧光屏三大部分组成，三大部分的工作原理如图 2-3 所示。

（2）X、Y 轴放大器和扫描发生器

Y 轴通道放大器把被测信号电压放大到足够的幅度，然后加在示波器的垂直转板上。Y 轴通道还带有衰减器用以调节垂直幅度，

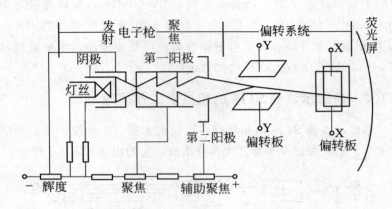

图 2-3　单踪示波器 ST16 示波管工作原理

确保显示波形的垂直幅度适当以进行定量测量。

X 轴通道由时基发生器、扫描速度调节电路和 X 轴放大器组成。时基发生器产生一个与时间呈线性关系的锯齿波，通过配合扫描调节可产生不同扫描锯齿波，然后放大，再加在示波器的水平偏转板上。

（3）电源

起到提供高低电压作用，保证示波器的正常工作。

（4）示波器探头

相当于示波器的内部前置放大器的连接器件，根据测量电压范围和测试内容的不同，通常有 1∶1 和 1∶10 两种，如图 2-4 所示。

2.1.3　单踪示波器 ST16 波形的显示原理

（1）垂直偏转板上加弦电压

在 Y 轴上加正弦电压频率（小于 10Hz），将在荧光屏上显示上下移动的光点；当大于 10Hz 时将产生运动的轨迹——一根垂直的亮线。

（2）水平偏转加锯齿波电压

在 X 轴上加锯齿电压每秒扫描 10 次以下，将在荧光屏上显示

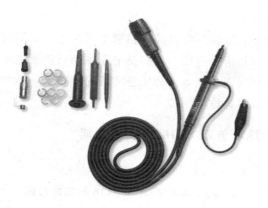

图 2-4 示波器探头

左右移动的光点；当大于每秒 20 次以上就会出现一根水平亮线。

（3）波形的合成

同时把 X、Y 的电压加在各自的偏转板上，并且频率和电压都相同，然后会在荧屏上显示如图 2-5 的波形。

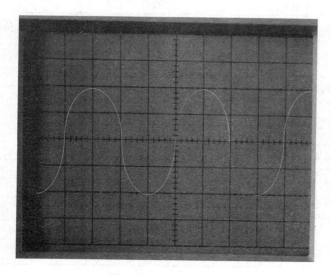

图 2-5 波形图

（4）扫描与同步

波形的显示过程称为扫描，扫描电路产生的锯齿波电压也称为扫描电压或时基信号电压。当扫描电压周期与被测电压周期相等或整倍时，每个周期光点运行的轨迹才能完全重合，从而稳定地显示完整的信号波形，称为同步。

2.1.4 单踪示波器 ST16 的技术性能

见表 2-1。

表 2-1 单踪示波器 ST16 的技术性能

功 能	项 目	技术指标
垂直系统	偏转系数	5mV/DIV～5V/DIV
	调节比	≥2.5∶1
	上升时间(5mV/DIV)	≤35ns
	频带宽度(-3dB)	DC:0～10MHz AC:10Hz～10MHz
	输入耦合	AC、⊥、DC
	输入阻抗	1MΩ 30pF
	最大安全输入电压	400Vpk
触发系统	触发灵敏度	内:1DIV 外:0.3V
	外触发输入阻抗	1MΩ 30pF
	外触发最大输入安全电压	400Vpk
	触发源选择	内、外、电源
	触发方式	常态、自动、电视
	触发极性	+、-
水平偏转系统	扫描时间系数	0.1s/DIV～0.1μs/DIV±3%
	微调	≥2.5∶1
X-Y方式	偏转因数	0.5V/DIV
	带宽	10Hz～1MHz
校准信号	波形	对称方波
	幅度	0.5V±2%
	频率	1kHz±2%

续表

功　能	项　目	技术指标
示波管	有效工作面	8×10DIV　1DIV＝6mm
	加速电压	1200V
	发光颜色	绿色
电源	电压范围	AC220V±10％
	频率	50Hz±2Hz
	最大功率	25V·A
	保险丝	250V　F0.5A

2.1.5　单踪示波器 ST16 的保养与维护

（1）操作环境

ST16 单踪示波器适用温度为 0～40℃，适用湿度为 90％（40℃），适用工作高度 500m，若在此环境范围之外的环境中使用本仪器，可能导致电路损坏。此外，请勿将本仪器置放于磁场或电场附近，以免造成误差。

（2）清理

请以软布沾上中性清洁剂轻拭机身，切勿将清洁剂直接喷在示波器上，以免因渗漏而造成机体损害及危险。请勿使用含有研磨粉或轻油精、苯、甲苯、二甲苯、丙酮等成分的清洁剂擦拭示波器的任何部分。若需清洁堆积在机箱内部的灰尘，请用干刷子轻刷，或以吸尘器清理。

（3）校准周期

为了能够保证仪器测量精度，仪器每工作 1000 小时或 6 个月要求校准一次，若使用间较短，则一年校准一次。

2.2　单踪示波器 ST16 的功能

（1）单踪示波器 ST16 实物如图 2-6 所示。

（2）前面板各按钮说明

❶ 电源开关：图 2-7 为示波器的电源开关，按下此开关，仪

器电源接通。

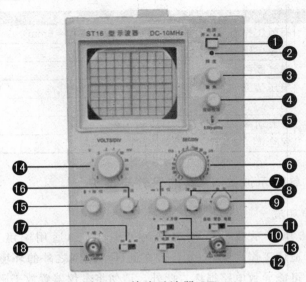

图 2-6　单踪示波器 ST16

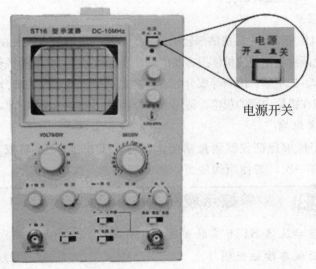

电源开关

图 2-7　电源开关

❷ 电源指示灯：图 2-8 为示波器的电源指示灯，电源接通时指示灯亮。

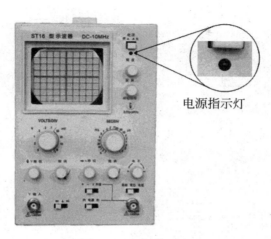

图 2-8　电源指示灯

❸ 辉度（或亮度）：图 2-9 为示波器的辉度（或亮度）旋钮，它可以调节示波器光迹亮度，顺时针旋转光迹增亮。

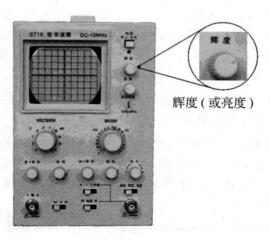

图 2-9　辉度（或亮度）旋钮

❹ 聚焦：图 2-10 为示波器聚焦按钮，用它来调节示波管电子束的焦点，使显示的光点成为细而清晰的圆点。

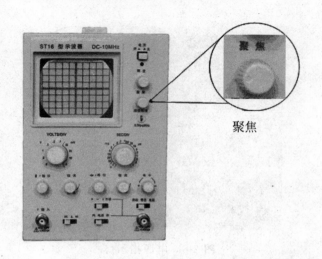

图 2-10　聚焦按钮

❺ 探极校准：图 2-11 为示波器探极校准，它可以提供幅度 0.5V、频率 1kHz 的对称方波信号，用于校正 10：1 探极的补偿电容器和校准示波器垂直与水平偏转因数。

❻ 水平扫描速率开关：图 2-12 为示波器水平扫描速率开关，根据被测信号的频率高低，选择合适的挡级。

❼ 水平位移：图 2-13 为示波器水平位移旋钮，它可以调节光迹在屏幕上水平方向的位置。

❽ 水平微调：图 2-14 为示波器微调旋钮，用以连续调节水平扫描速度，调节范围≥2.5 倍，顺时针旋足为校正位置，此时可根据 "VOLTS/DIV" 开关度盘位置和屏幕显示幅度读取该信号的电压值。

❾ 电平：图 2-15 为示波器电平旋钮，它可以调节被测信号在变化至某一电平时触发扫描。

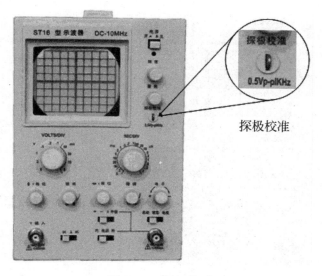

图 2-11　探极校准

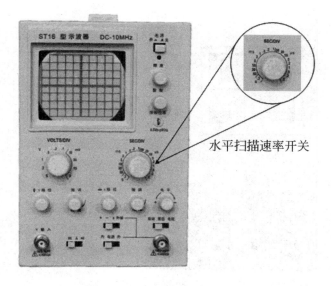

图 2-12　水平扫描速率开关

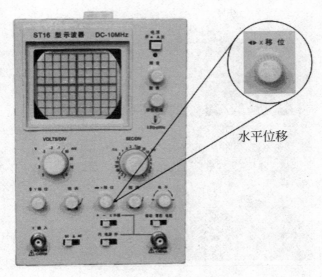

图 2-13　水平位移旋钮

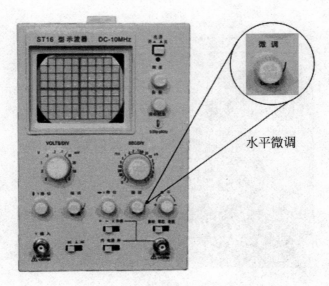

图 2-14　水平微调旋钮

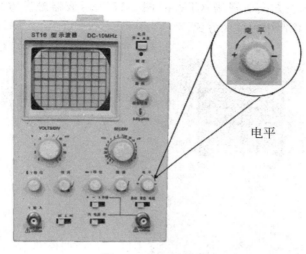

图 2-15   电平旋钮

❿ 触发极性：图 2-16 为示波器触发极性按钮，它可以选择被测信号在上升沿或下降沿触发扫描。

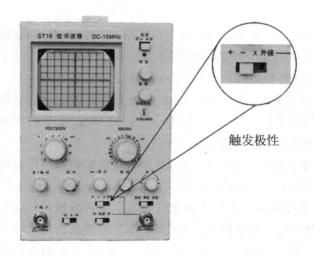

图 2-16   触发极性按钮

⓫ 触发方式电视场（TV）：图 2-17 为示波器触发方式按钮，它可以选择产生扫描的方式。

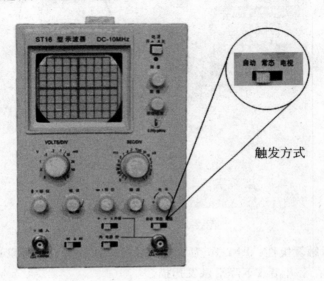

触发方式

图 2-17　触发方式按钮

⓬ 触发源：图 2-18 为示波器触发源，它用于选择不同的触发源。

⓭ X 信号输入端子：图 2-19 为示波器 X 信号输入端子。当⓬触发源处于外触发时，为外触发输入端。

⓮ 垂直衰减：图 2-20 为示波器垂直衰减旋钮，它可以选择垂直轴的偏转系数，从 2mV/DIV～10V/DIV 分 12 个挡级调整，可根据被测信号的电压幅度选择合适的挡级。

⓯ 垂直位移：图 2-21 为示波器垂直位移旋钮，用它可以调节光迹在屏幕上垂直方向的位置。

⓰ 垂直微调：图 2-22 为示波器垂直微调旋钮，用以连续调节垂直扫描速度，调节范围≥2.5 倍，顺时针旋足为校正位置，此时可根据"VOLTS/DIV"开关度盘位置和屏幕显示幅度读取该信号的电压值。

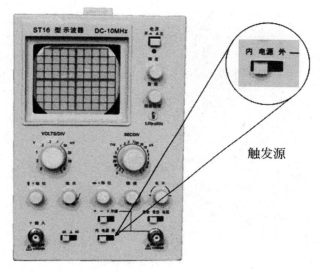

触发源

图 2-18 触发源

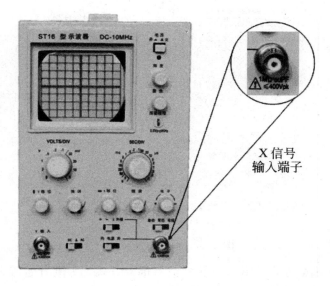

X信号
输入端子

图 2-19 X信号输入端子

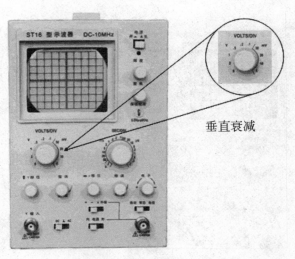

图 2-20　垂直衰减旋钮

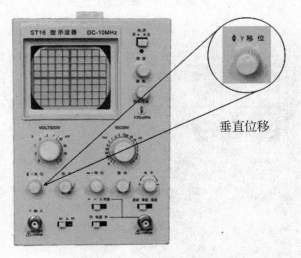

图 2-21　垂直位移旋钮

⓱ 耦合方式：图 2-23 为示波器耦合方式，为垂直通道 1 的输入耦合方式选择。

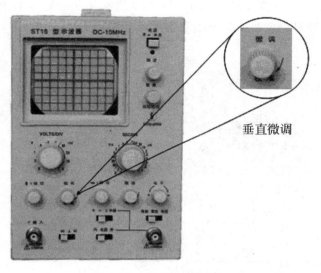

垂直微调

图 2-22　垂直微调旋钮

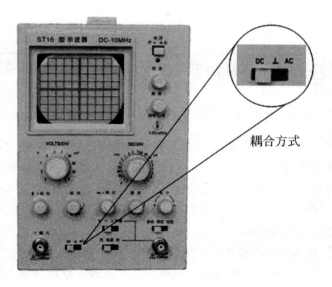

耦合方式

图 2-23　耦合方式

⑱ Y 信号输入端子：图 2-24 为示波器 Y 信号输入端子。当触发源处于外触发时，为外触发输入端。

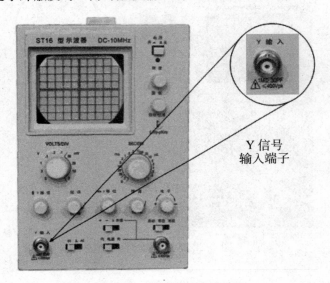

Y 信号
输入端子

图 2-24　Y 信号输入端子

单踪示波器 ST16 的使用

2.3.1　单踪示波器 ST16 的校准

① 进行信号测量时一般使用探极作为信号源与仪器之间的连接，本机使用 10∶1 与 1∶1 可转换探极。为减少探极对被测信号的影响，一般使用 10∶1 探极，此时输入阻抗为 10MΩ 16pF。探极 1∶1 用于观察小信号，输入阻抗为 1MΩ 30pF，此时应考虑对被测电路的可能影响。

② 对探极的调整可用于示波器输入特性的差异而产生的误差，将探极 10∶1 输入插座并与本机校正信号连接，仪器屏幕上获得图 2-25 波形，如波形有过冲（图 2-26）或下塌（图 2-27）现象，可

用高频旋具调节探极补偿元件（图 2-28），使波形最佳。做完以上工作证明本机状态正常，可有极性测试。

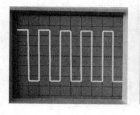
图 2-25　补偿适中

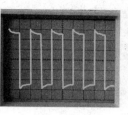
图 2-26　波形过冲
（过补偿）

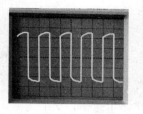
图 2-27　波形下塌
（欠补偿）

调整元件

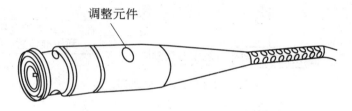

图 2-28　补偿元件

2.3.2　单踪示波器的基本操作

单踪示波器 ST16 见图 2-6。其基本调试步骤如下。

① 接通电源之前先将❸辉度（或亮度），❹聚焦，❼水平位移、⓯垂直位移居中，⓮垂直衰减旋转到 0.1V，❽水平微调、⓰垂直微调旋转到校准位置，⓫触发方式电视场（TV）拨到校准位置，❻水平扫描速率开关旋转到 0.2ms，❿触发极性拨到＋，⓬触发源拨到内，如图 2-29 所示。

② 检查示波器电源无误后接通❶电源开关，❷电源指示灯亮，稍后屏幕上出现光迹，预热 5min 左右，如果没有出现光迹，请检查开关和控制器旋钮的校准，如图 2-30 所示。

③ 待波形稳定后分别调节❸辉度（或亮度）、❹聚焦，使光迹

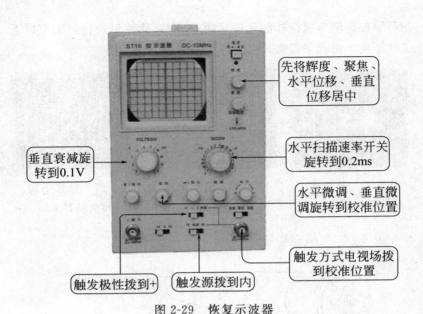

先将辉度、聚焦、水平位移、垂直位移居中

水平扫描速率开关旋转到0.2ms

垂直衰减旋转到0.1V

水平微调、垂直微调旋转到校准位置

触发方式电视场拨到校准位置

触发极性拨到+

触发源拨到内

图 2-29 恢复示波器

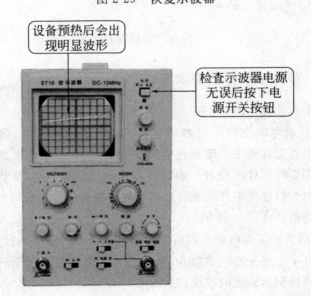

设备预热后会出现明显波形

检查示波器电源无误后按下电源开关按钮

图 2-30 示波器上电

亮度清晰居中，如图 2-31 所示。

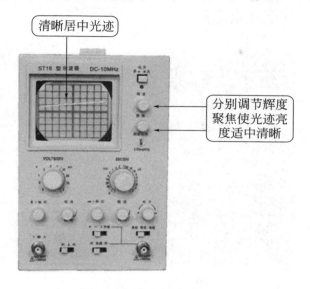

图 2-31　清晰居中光迹钮

④ 用 10：1 探头将矫正信号输入置 X 输入端，如图 2-32 所示。

⑤ 将❶耦合方式 AC GND DC 开关设置在 AC 状态，❽水平微调、❶垂直微调旋转到合适位置，一个余弦波将会出现在屏幕上，如图 2-33 所示。

⑥ 调整❹聚焦使图形到清晰状态，如图 2-34 所示。

⑦ 对于其他信号的观察，可通过调整垂直衰减开关、扫描时间开关、垂直和水平位移旋钮到所需的位置，从而得到幅度与周期都容易读出的波形。

2.3.3　垂直系统的操作

衰减开关应根据输入信号幅度旋至适当挡位，调节❶垂直位移以保证在有效面内稳定显示整个波形，根据需要配合调节❶垂直微调，微调比≥2.5：1，如图 2-35 所示。

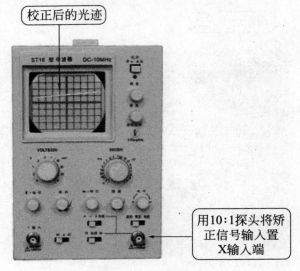

图 2-32　校正信号

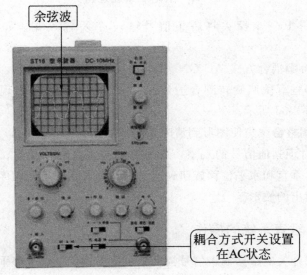

图 2-33　余弦波

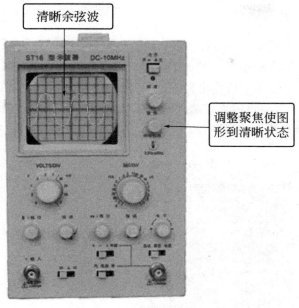

清晰余弦波

调整聚焦使图形到清晰状态

图 2-34　清晰余弦波钮

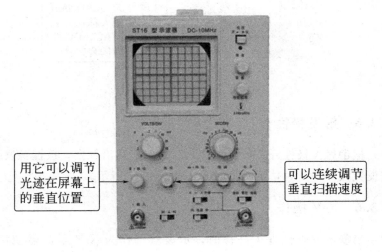

用它可以调节光迹在屏幕上的垂直位置

可以连续调节垂直扫描速度

图 2-35　垂直系统的操作

2.3.4 输入耦合方式

"DC"适用于观察包含直流成分的被测信号，如信号的直流电平和静态信号的电平，当被测信号频率很低时，也必须采用这种方式；"AC"适用于信号中直流分量要求被隔断，用于观察信号交流分量；"⊥"通道输入接地（输入信号阻断），用于确定输入为零时的光迹所处位置。如图 2-36 所示。

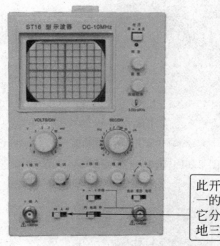

此开关为垂直通道一的输入耦合方式，它分为AC、DC和地三种耦合方式

图 2-36　输入耦合方式

2.3.5 触发极性

把❿触发极性开关设置在"＋"时，上升沿触发，极性触发开关设置在"－"时，下降沿触发，如图 2-37 所示。

2.3.6 X-Y 操作

当❿触发极性处于外接时，示波器可作为 X-Y 示波器使用。此时原 Y 通道⓲Y 信号输入端子作为 Y 轴输入，⓭X 信号输入端

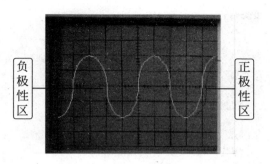

图 2-37　极性

子作为 X 轴输入，灵敏度调❽水平微调，可从 0.2V/DIV～0.5V/DIV 连续可调，如图 2-38 所示。

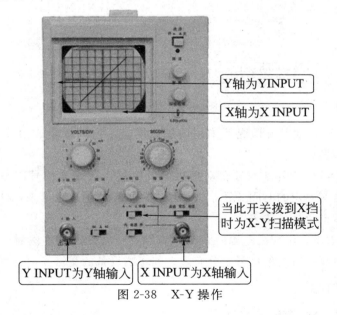

图 2-38　X-Y 操作

2.3.7　触发源选择

为了在屏幕上显示一个稳定的波形，需要给触发电路提供一个与显示信号在时间上有关连的信号，触发源开关就是用来选择该触发信号的，如图 2-39 所示。

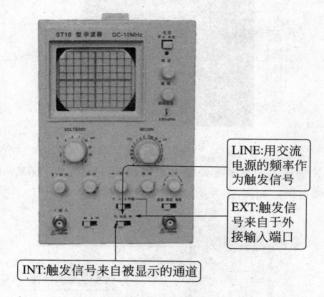

图 2-39　触发源

INT：大部分情况下采用内触发模式，内触发模式由 Y 输入信号触发。

EXT：用外来信号驱动扫描触发电路，该外来信号因与要测的信号有一定的时间关系，波形可以更加独立地显示出来，外触发信号由电源插座输入。

LINE：用交流电源的频率作为触发信号，这种方法对于测量与电源频率有关的信号十分有效，如音响设备的交流噪声、可控硅电路等。

2.3.8　触发方式的选择

见图 2-40，下面主要介绍以下几种方式。

AUTO（自动）：当为自动模式时，扫描产生器自动产生一个

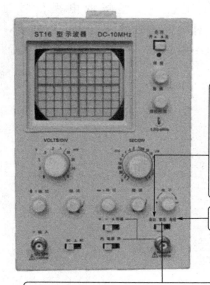

自动(AUTO): 当无触发信号输入时, 屏幕上显示扫描光迹, 一旦有触发信号输入时, 电路自动转换为触发扫描状态, 调节电平可使波形稳定地显示在屏幕上

用于观察电视场信号

常态(NORM): 无信号输入时, 屏幕上无光迹显示, 有信号输入时, 且触发电平旋钮在合适位置上时, 电路被触发扫描, 当被测信号频率低于50Hz时, 必须选择该方式

图 2-40　触发方式的选择

没有触发信号的扫描信号; 当有触发信号时, 它会自动转换到触发扫描, 通常第一次观察一个波形时, 将其设置于"AU-TO", 当一个稳定的波形被观察到以后, 再调整其他设置。当其他控制部分设定好以后, 通常将开关设回到"NORM"触发方式, 因为该方式更加灵敏, 当测量直流信号或小信号时必须采用"AUTO"方式。

NORM (常态): 通常扫描器保持在静止状态, 屏幕上无光迹显示。当触发信号经过由"触发电平开关"设置的阀门电平时, 扫描一次。之后扫描器又回到静止状态, 直到下一次被触发。

TV（电视场）：当需要观察一个整场的电视信号时，将 MODE 开关设置到 TV-V，对电视信号的场信号进行同步，扫描时间通常设定到 2ms/DIV（一帧信号）或 5ms/DIV（一场两帧隔行扫描信号）。

第3章

双踪示波器的使用

双踪示波器具有两个信号输入端，可以同时显示两个不同信号波形，并可以对两个信号的频率、相位、波形等进行比较，下面来看一下 YB43020 型双踪示波器。

YB 43020 型双踪示波器的介绍

3.1.1　YB43020 型双踪示波器简介

YB43020 型双踪示波器如图 3-1 所示，具有 0～20MHz 的频带宽度；垂直灵敏度为 2mV/DIV～10V/DIV，扫描系统采用全频带触发式自动扫描电路，并具有交替扩展扫描功能，实现二踪四迹

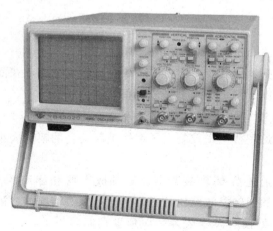

图 3-1　YB43020 型双踪示波器

显示。具有丰富的触发功能，如交替触发、TV-H、TV-V 等。仪器备有触发输出、正弦 50Hz 电源信号输出及 Z 轴输入。

　　YB43020 型采用长余辉慢扫描，最慢扫描时间 10s/DIV。

3.1.2　YB43020 型双踪示波器的组成及工作原理

　　YB43020 型示波器包含下列组成部分，如图 3-2 所示。

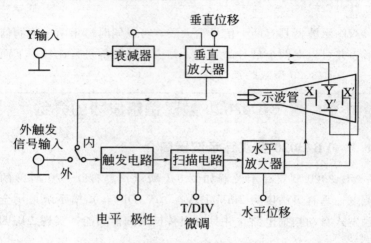

图 3-2　示波器的基本结构框图

（1）主机

　　主机包括示波管及其所需的各种直流供电电路，在面板上的控制旋钮有辉度、聚焦、水平移位、垂直移位等。

（2）垂直通道

　　垂直通道主要用来控制电子束按被测信号的幅值大小在垂直方向上的偏移。

　　垂直通道包括 Y 轴衰减器、Y 轴放大器和配用的高频探头。通常示波管的偏转灵敏度比较低，因此在一般情况下，被测信号往往需要通过 Y 轴放大器放大后加到垂直偏转板上，这样才能在屏幕上显示出一定幅度的波形。Y 轴放大器的作用提高了示波管 Y

轴偏转灵敏度。为了保证 Y 轴放大不失真，加到 Y 轴放大器的信号不宜太大，但是实际的被测信号幅度往往在很大范围内变化，此 Y 轴放大器前还必须加一 Y 轴衰减器，以适应观察不同幅度的被测信号。示波器面板上设有"Y 轴衰减器"（通常称"Y 轴灵敏度选择"开关）和"Y 轴增益微调"旋钮，分别调节 Y 轴衰减器的衰减量和 Y 轴放大器的增益。

对于 Y 轴放大器的要求是：增益大，频响好，输入阻抗高。

为了避免杂散信号的干扰，被测信号一般都通过同轴电缆或带有探头的同轴电缆加到示波器 Y 轴输入端。但必须注意，被测信号通过探头，幅值将衰减（或不衰减），其衰减比为 10∶1（或 1∶1）。

（3）水平通道

水平通道主要是控制电子束按时间值在水平方向上偏移。它主要由扫描发生器、水平放大器、触发电路组成。

① 扫描发生器

扫描发生器又叫锯齿波发生器，用来产生频率调节范围宽的锯齿波，作为 X 轴偏转板的扫描电压。锯齿波的频率（或周期）调节是由"扫描速率选择"开关和"扫速微调"旋钮控制的。使用时，调节"扫速选择"开关和"扫速微调"旋钮，使其扫描周期为被测信号周期的整数倍，保证屏幕上显示稳定的波形。

② 水平放大器

其作用与垂直放大器一样，将扫描发生器产生的锯齿波放大到 X 轴偏转板所需的数值。

③ 触发电路

用于产生触发信号以实现触发扫描的电路。为了扩展示波器应用范围，一般示波器上都设有触发源控制开关、触发电平与极性控制旋钮和触发方式选择开关等。

（4）示波器的二踪显示

① 二踪显示原理

示波器的二踪显示是依靠电子开关的控制作用来实现的。

电子开关由"显示方式"开关控制，共有五种工作状态，即 Y_1、Y_2、Y_1+Y_2、交替、断续。当开关置于"交替"或"断续"位置时，荧光屏上便可同时显示两个波形。当开关置于"交替"位置时，电子开关的转换频率受扫描系统控制，即电子开关首先接通 Y_2 通道，进行第一次扫描，显示由 Y_2 通道送入的被测信号的波形；然后电子开关接通 Y_1 通道，进行第二次扫描，显示由 Y_1 通道送入的被测信号的波形；接着再接通 Y_2 通道……这样便轮流地对 Y_2 和 Y_1 两通道送入的信号进行扫描、显示，由于电子开关转换速度较快，每次扫描的回扫线在荧光屏上又不显示出来，借助于荧光屏的余辉作用和人眼的视觉暂留特性，使用者便能在荧光屏上同时观察到两个清晰的波形。这种工作方式适宜于观察频率较高的输入信号场合。

当开关置于"断续"位置时，相当于将一次扫描分成许多个相等的时间间隔。在第一次扫描的第一个时间间隔内显示 Y_2 信号波形的某一段；在第二个时间时隔内显示 Y_1 信号波形的某一段；以后各个时间间隔轮流地显示 Y_2、Y_1 两信号波形的其余段，经过若干次断续转换，使荧光屏上显示出两个由光点组成的完整波形（图3-3）。由于转换的频率很高，光点靠得很近，其间隙用肉眼几乎分辨不出，再利用消隐的方法使两通道间转换过程的过渡线不显示出来，见图3-4。因而同样可达到同时清晰地显示两个波形的目的。这种工作方式适合于输入信号频率较低时使用。

② 触发扫描

在普通示波器中，X 轴的扫描总是连续进行的，称为"连续扫描"。为了能更好地观测各种脉冲波形，在脉冲示波器中，通常采用"触发扫描"。采用这种扫描方式时，扫描发生器将工作在待触发状态。它仅在外加触发信号作用下，时基信号才开始扫描，否则便不扫描。这个外加触发信号通过触发选择开关分别取自"内触发"（Y 轴的输入信号经由内触发放大器输出触发信号），也可取自"外触发"输入端的外接同步信号。其基本原理是利用这些触发脉冲信号的上升沿或下降沿来触发扫描发生器，产生锯齿波扫描电压，然后经 X 轴放大后送 X 轴偏转板进行光点扫描。适当地调节"扫描速率"开关和"电平"调节旋钮，能方便地在荧光屏上显示具有合适宽度的被测信号波形。

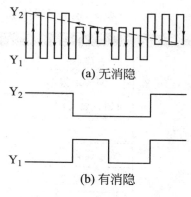

(a) 无消隐

(b) 有消隐

图 3-4　断续方式显示波形

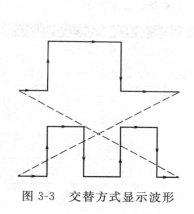

图 3-3　交替方式显示波形

3.1.3　YB43020 型双踪示波器的特点

① 采用 SMT 表面贴装工艺。

② 垂直衰减开关，扫描开关均采用编码开关，具有手感轻、可靠性高。

③ 交替触发、交替扩展扫描、触发锁定、单次触发等功能。

④ 垂直灵敏度范围宽 2mV/DIV～10V/DIV。

⑤ 扫描时间 0.2s/DIV～0.1μs/DIV（YB43020D 最慢扫描时间 10s/DIV）。

⑥ 外形小巧美观，操作手感轻便、内部工艺整齐。

⑦ 面板具有非校准和触发状态等指示。

⑧ 备有触发输出，正弦 50Hz 电源信号输出、Z 轴输入，方便于各种测量。

⑨ 校准信号采用晶振和高稳定度幅度值，以获得更精确的仪

器校准。

3.1.4 YB43020 型双踪示波器的技术性能

见表 3-1。

表 3-1 YB43020 型双踪示波器的技术性能

功　能	项　目	技术指标
Y 轴系统	工作方式	CH1、CH2、交替、断续、叠加、X-Y
	偏转系数	5mV/DIV～10V/DIV 按 1—2—5 进位
	(CH1 或 CH2)	共分 11 挡,误差 ±3%
	扩展	2mV/DIV 误差 ±5%
	微调	≥2.5：1
	频带宽度	AC:10Hz～20MHz　　－3dB
	上升时间 (5mV/DIV)	DC:0～10MHz　　－3dB
	上冲	≤5%
	阻尼	≤5%
	耦合方式	AC、⊥、DC
	输入阻容	(1±3%)MΩ　(30±5)pF(直接) (10±5%)MΩ　23pF(经探极)
	极性转换	CH2　可转换
	通道隔离度	≥35：1(DC～20MHz)
	共模抑制比	≥50：1(100kHz 以下)
触发系统	触发源	CH1、CH2、交替、电源、外
	耦合	AC/DC(外)常态/TV-V、TV-H
	极性	＋、－
	同步频率范围	自动 50Hz～20MHz

续表

功　能	项　目	技术指标
触发系统	最小同步电平	触发 5Hz～20MHz 内 1DIV；外 0.2Vp-p TV 内 2DIV；外 0.3Vp-p 触发锁定时(20Hz～10MHz)：内 2DIV
	外触发输入阻抗	(1±5%)MΩ　(30±5)pF
水平系统	扫描方式	自动、触发、锁定、单次
	扫描时间系数	0.1μs/DIV～10s/DIV 按 1-2(2.5)—5 进位共分 29 挡，误差为±3%
	扩展	×5 误差为±5%
	交替扩展扫描	×5 误差为±5%
	微调	≥2.5∶1
X-Y 方式	信号输入	X 轴：CH1　Y 轴：CH2
	频率响应	AC：10Hz～1MHz　－3dB DC：0～1MHz　－3dB
	X-Y 相位差	≤3°(DC～50kHz)
Z 轴系统	最小输入电平	TTL 电平
	最大输入电压	50V(DC＋ACp-p)
	输入电阻	10kΩ
	输入极性	低电平加亮
	频率范围	DC～5MHz
探极校准信号	波形	方波
	幅度	(0.5±1%)Vp-p
	频率	(1±1%)kHz
输出	触发输出	≥50mV/DIV(50Ω)
	50Hz 正弦波输出	约 2Vp-p 电源正弦波信号

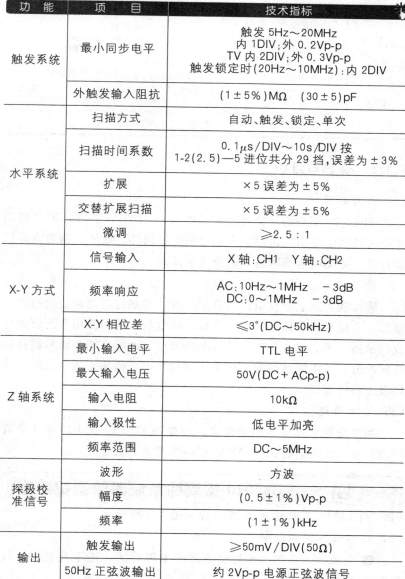

续表

功　能	项　目	技术指标
示波管	余辉	长余辉
	工作面	8cm×10cm(1cm＝1DIV)
电源	电压	(220±10%)V 或(110±10%)V
	频率	(50±5%)Hz
	视在功率	约35V·A

3.1.5　保养与维护

（1）操作环境

　　YB43020 型双踪示波器适用温度为 0～40℃，若在此温度范围之外的环境中使用本仪器，可能导致电路损坏。此外，请勿将本仪器置放于磁场或电场附近，以免造成误差。

（2）清理

　　请以软布沾上中性清洁剂轻拭机身，切勿将清洁剂直接喷在示波器上，以免因渗漏而造成机体损害及危险。请勿使用含有研磨粉或轻油精、苯、甲苯、二甲苯、丙酮等成分的清洁剂擦拭示波器的任何部分。若需清洁堆积在机箱内部的灰尘，请用干刷子轻刷，或以吸尘器清理。

（3）校准周期

　　为了能够保证仪器测量精度，仪器每工作 1000 小时或 6 个月要求校准一次，若使用间较短，则一年校准一次。

3.2　YB43020 型双踪示波器的键钮功能

（1）YB43020 型双踪示波器实物如图 3-5 所示。

（2）前面板各按钮说明

　　❶ 电源开关：图 3-6 为示波器的电源开关，按下此开关，仪器电源接通，指示灯亮。

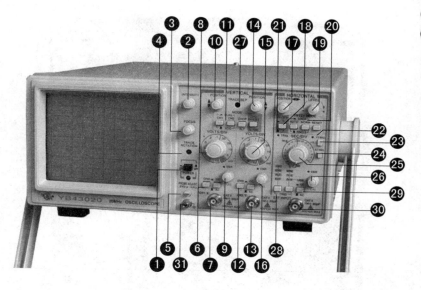

图 3-5 YB43020 型双踪示波器

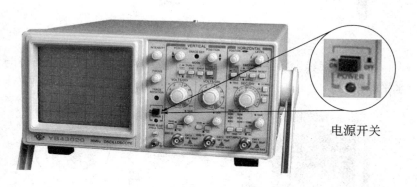

电源开关

图 3-6 电源开关

❷ 亮度：图 3-7 为示波器的亮度旋钮，它可以调节示波器光迹亮度，顺时针旋转光迹增亮。

❸ 聚焦：图 3-8 为示波器聚焦按钮，可以调节示波管电子束的焦点，使显示的光点成为细而清晰的圆点。

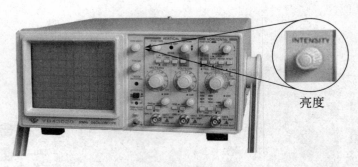

图 3-7　亮度

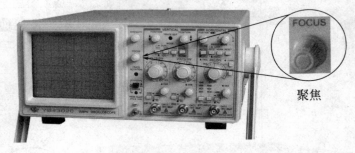

图 3-8　聚焦

❹ 光迹旋转：图 3-9 为示波器光迹旋转，它可以调节光迹与水平线平行。

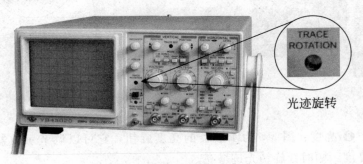

图 3-9　光迹旋转

❺ 探极校准信号：图 3-10 为示波器探极校准信号，此端口输

出幅度为 0.5V，频率为 1kHz 的方波信号，用以校准 Y 轴偏转系数和扫描时间系数。

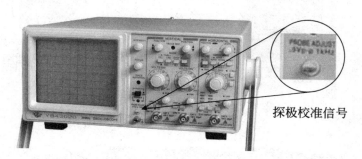

探极校准信号

图 3-10　探极校准信号

❻ 耦合方式：图 3-11 为示波器耦合方式，为垂直通道 1 的输入耦合方式选择。

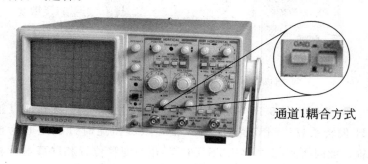

通道1耦合方式

图 3-11　耦合方式

❼ 通道 1 输入插座：图 3-12 为示波器通道 1 输入插座双功能端口，在常规使用时，这个端口作为垂直通道 1 的输入口，当仪器工作在 X-Y 方式时此端口作为水平轴信号输入口。

❽ 通道 1 灵敏度选择开关：图 3-13 为示波器通道灵敏度选择开关旋钮，它可以选择垂直轴的偏转系数，从 2mV/DIV～10V/DIV 分 12 个挡级调整，可根据被测信号的电压幅度选择合适的挡级。

通道1输入插座

图 3-12　通道 1 输入插座

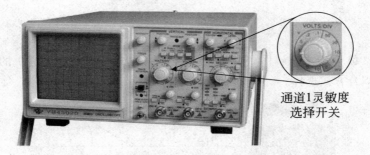

通道1灵敏度
选择开关

图 3-13　通道 1 灵敏度选择开关

❾ 微调：图 3-14 为示波器微调旋钮用以连续调节垂直轴的
CH1 偏转系数，调节范围≥2.5 倍，该旋钮逆时针旋足时为校准
位置，此时可根据"VOLTS/DIV"开关度盘位置和屏幕显示幅度

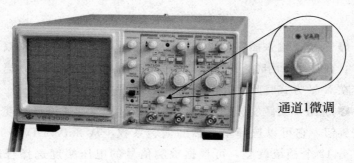

通道1微调

图 3-14　微调

读取该信号的电压值。

❿ 垂直位移：图 3-15 为示波器垂直位移旋钮可以调节光迹在 CH1 垂直方向的位置。

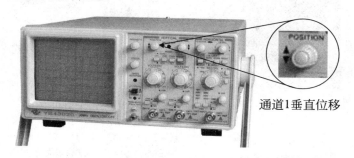

通道1垂直位移

图 3-15　垂直位移

⓫ 垂直方式：图 3-16 为示波器垂直方式，它可以选择垂直系统的工作方式。

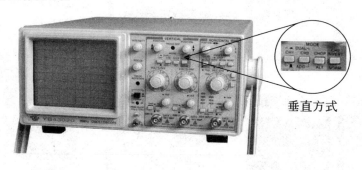

垂直方式

图 3-16　垂直方式

⓬ 耦合方式：图 3-17 为示波器耦合方式，为垂直通道 2 的输入耦合方式选择。

⓭ 通道 2 输入插座：图 3-18 为示波器垂直通道 2 的输入端口，在 X-Y 方式时，作为 Y 轴输入口。

⓮ 垂直位移：图 3-19 为示波器垂直位移旋钮可以调节光迹在 CH2 垂直方向的位置。

通道2耦合方式

图 3-17　耦合方式

通道2输入插座

图 3-18　通道 2 输入插座

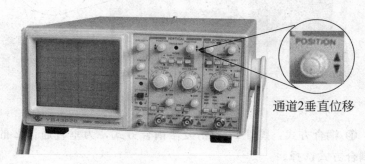

通道2垂直位移

图 3-19　垂直位移

⑮ 通道 2 灵敏度选择开关：图 3-20 为示波器通道灵敏度选择开关旋钮可以选择垂直轴的偏转系数，从 2mV/DIV～10V/DIV 分12 个挡级调整，可根据被测信号的电压幅度选择合适的挡级。

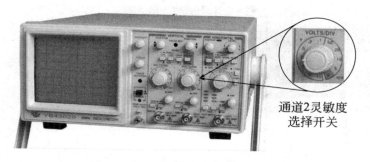

通道2灵敏度
选择开关

图 3-20　通道 2 灵敏度选择开关

❶❻ 微调：图 3-21 为示波器微调旋钮，用以连续调节垂直轴的 CH1 偏转系数，调节范围≥2.5 倍，该旋钮逆时针旋足时为校准位置，此时可根据"VOLTS/DIV"开关度盘位置和屏幕显示幅度读取该信号的电压值。

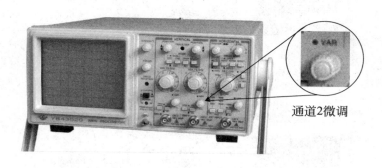

通道2微调

图 3-21　微调

❶❼ 水平位移：图 3-22 为示波器水平位移旋钮，它可以调节光迹在水平方向的位置。

❶❽ 极性：图 3-23 为示波器极性按钮，它可以选择被测信号在上升沿或下降沿触发扫描。

❶❾ 电平：图 3-24 为示波器电平旋钮，它可以调节被测信号在变化至某一电平时触发扫描。

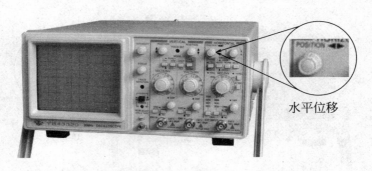

水平位移

图 3-22 水平位移

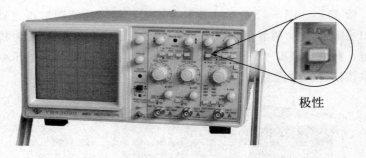

极性

图 3-23 极性

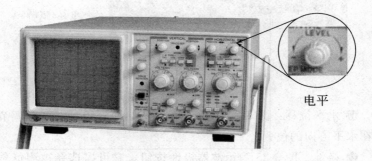

电平

图 3-24 电平

⑳ 扫描方式：图 3-25 为示波器扫描方式按钮，它可以选择产生扫描的方式。

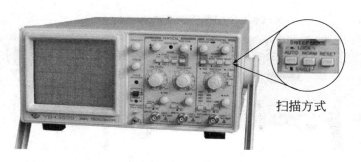

扫描方式

图 3-25　扫描方式

㉑ 触发指示：图 3-26 为示波器触发指示，指示灯具有两种功能指示，当仪器工作在非单次扫描方式时，该灯亮表示扫描电路工作在被触发状态，当仪器工作在单次扫描方式时，该灯亮表示扫描电路在准备状态，此时若有信号输入将产生一次扫描，指示灯随之熄灭。

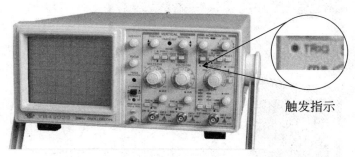

触发指示

图 3-26　触发指示

㉒ 扫描扩展指示：图 3-27 为示波器扫描扩展指示，在按入"×5 扩展"或"交替扩展"后指示灯亮。

㉓ ×5 扩展：图 3-28 为示波器 ×5 扩展按钮，按入后扫描速度扩展 5 倍。

㉔ 交替扩展扫描：图 3-29 为示波器交替扩展扫描按钮，按入可同时显示原扫描时间和被扩展×5 后的扫描时间（注：在扫描速度慢时，可能出现交替闪烁）。

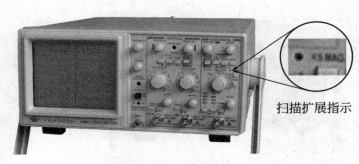

扫描扩展指示

图 3-27　扫描扩展指示

×5扩展

图 3-28　×5 扩展

交替扩展扫描

图 3-29　交替扩展扫描

㉕ 扫描速率选择开关：图 3-30 为示波器扫描速率选择开关，根据被测信号的频率高低，选择合适的挡级。当扫描"微调"置校准位置时，可根据度盘的位置和波形在水平轴的距离读出被测信号的时间参数。

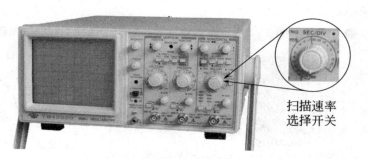

扫描速率
选择开关

图 3-30 扫描速率选择开关

❷❻ 微调：图 3-31 为示波器微调旋钮，用于连续调节扫描速率，调节范围≥2.5 倍。逆时针旋到底为校准位置。

❷❼ 慢扫描开关：图 3-32 为示波器慢扫描开关，它用于观察低

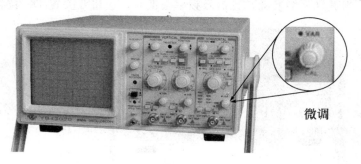

微调

图 3-31 微调

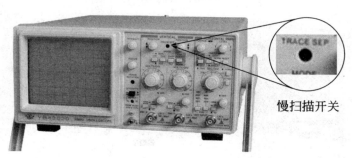

慢扫描开关

图 3-32 慢扫描开关

频脉冲信号。

㉘ 触发源：图 3-33 为示波器触发源，它用于选择不同的触发源。

图 3-33　触发源

㉙ AC/DC：图 3-34 为示波器 AC/DC，外触发信号的耦合方式，当选择外触发源，且信号频率很低时，应将开关置 DC 位置。

图 3-34　AC/DC

图 3-35　外触发输入插座

触发源

AC/DC

外触发输入插座

㉚ 外触发输入插座：图 3-35 为示波器外触发输入插座，当选择外触发方式时，触发信号由此端口输入。

㉛ 接地端：图 3-36 为示波器机壳接地端。

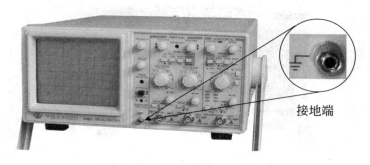

接地端

图 3-36　接地端

YB43020 型双踪示波器校准及基本操作

3.3.1　YB43020 双踪示波器的校准

仪器经常使用或因故障检修后，为使仪器工作在最佳状态和保持较高的测量精度，应对仪器进行全面或有关项目的检查和调整。

（1）示波管显示系统的校准

在扫描速度状态下屏幕上显示扫描基线，调节亮度电位器，使光迹亮度开始起辉再将扫描基线调至屏幕上下边缘使图形无明显失真，如图 3-37、图 3-38 所示。

（2）垂直系统的调整

①　Y 轴增益的校准

垂直方式置 Y1，调灵敏度选择开关，使屏幕显示幅度为 5DIV。调节微调使直接挡波形正确补偿。用同样的方法校准 CH2 通道的增益，如图 3-39 所示。

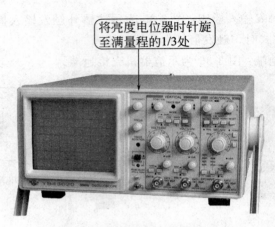

将亮度电位器时针旋至满量程的1/3处

图 3-37　示波管显示系统的校准

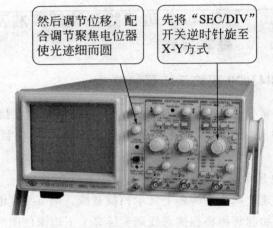

然后调节位移，配合调节聚焦电位器使光迹细而圆

先将"SEC/DIV"开关逆时针旋至X-Y方式

图 3-38　示波管显示系统的校准

② 垂直通道瞬态特性的调整

用快前沿方波信号（上升时间≤1ns）分别送入两个垂直通道，并在垂直通道的输入端接一个 50Ω 的终端匹配器，调节信号源幅度，使屏幕显示幅度为5DIV。反复调整使波形得到最佳补偿，上升时间≤17.5ns，如图 3-40 所示。

"VOLTS/DIV" 开关置0.1V

"VARIABLE" 旋钮逆时针微调旋足

图 3-39　Y轴增益的校准

将两个垂直通道的"VOLTS/DIV"开关置5mV挡，微调旋钮逆时针方向旋足

图 3-40　垂直通道瞬态特性的调整

（3）水平系统的调整

将"SEC/DIV"开关置 0.5ms，微调逆时针旋足，由标准时基信号源输入 0.5ms 的标准时基信号，使屏幕显示每格一个周期，按入"×5"扩展按键，使屏幕显示 5DIV 一个周期。

弹出"×5"扩展按键，将"SEC/DIV"换至 0.2ms 挡，信号源输出作相应的变化，使屏幕显示每格一个周期。顺序检查各扫描挡级，使各挡误差均满足±5％的要求，如图 3-41 所示。

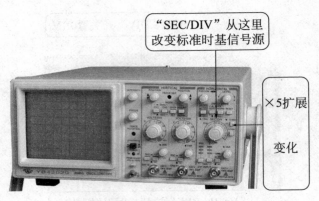

"SEC/DIV"从这里改变标准时基信号源

×5扩展 变化

图 3-41   水平系统的调整

3. 3. 2   YB43020 的基本使用

示波器的按钮分布如图 3-5 所示，其基本操作如下。

① 接通电源，电源指示灯亮约 20s 后，屏幕出现光迹。如果 60s 后还没有出现光迹，请再检查开关和控制器旋钮的校正位置，如图 3-42 所示。

20s后示波器显示器上出现模糊光迹

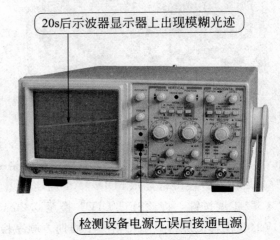

检测设备电源无误后接通电源

图 3-42   接通电源

② 分别调节亮度、聚焦，使示波器屏幕上的光迹亮度适中、波形清晰，如图 3-43 所示。

调节亮度和聚焦旋钮

亮度居中清晰的光迹

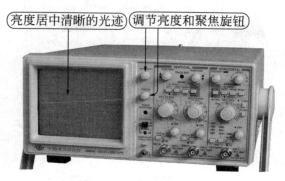

图 3-43　清晰的光迹

③ 调节通道 1 唯一旋钮与光迹旋转电位器，使光迹与水平刻度平行（用螺丝刀调节光迹旋转电位器），如图 3-44 所示。

水平居中的光迹

调节光迹旋转电位器

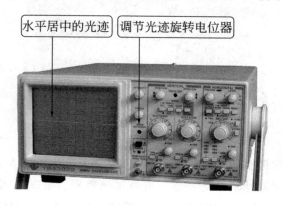

图 3-44　水平居中光迹

④ 用 10：1 探头将矫正信号输入置 CH1 输入端，如图 3-45 所示。

⑤ 将 AC-GND-DC 开关设置在 AC 状态。一个如图 3-46 所示的方波将会出现在屏幕上。

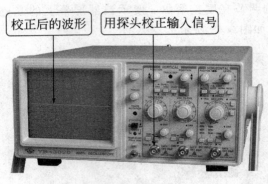

校正后的波形 用探头校正输入信号

图 3-45 校正波形

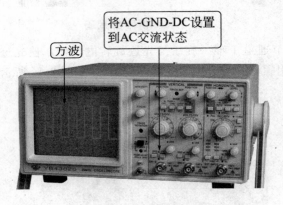

方波 将AC-GND-DC设置到AC交流状态

图 3-46 方波

⑥ 逐步调整聚焦旋钮使图形得到清晰状态，如图 3-47 所示。

⑦ 对于其他信号的观察，可通过调整垂直衰减开关、扫描时间开关、垂直和水平位移旋钮到所需的位置，从而得到幅度与周期都容易读出的波形。

3.3.3　双通道的操作

① 将❶垂直方式的 CH2 通道按下到 DUAL 状态，于是通道 2 的光迹也会出现在屏幕上（与 CH1 相同），这时屏幕上应显示 2 个

波形，通道 1 显示一个方波来自校正输出的波形，而通道 2 则仅显示一条直线，因为没有信号接到该通道，如图 3-48 所示。

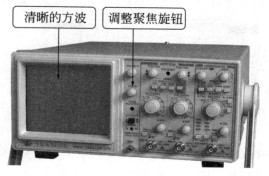

清晰的方波　调整聚焦旋钮

图 3-47　清晰方波

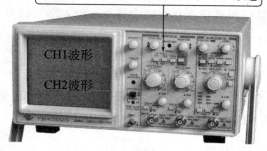

将垂直方式的CH2通道按下到DUAL状态

CH1波形

CH2波形

图 3-48　双踪显示

② 现在将校正信号接到 CH2 的输入端与 CH1 一致，将 CH2 的❿耦合方式 AC GND DC 开关设置到 AC 状态，调整❿垂直位移旋钮使两通道的波形如图 3-49 所示。

③ 释放❶垂直方式中的 ALT/CHOP 开关（置于 ALT 方式）。CH1 和 CH2 上的信号交替地显示到屏幕上，用于观察扫描时间较短的两路信号。按下 ALT/CHOP 开关（置于 CHOP 方式），CH1 与 CH2 上的信号以 250kHz 的速度独立地显示在屏幕上。用于观察扫描时间较长的两路信号。

将CH2的耦合方式开关设置到AC状态

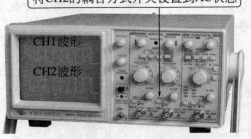

图 3-49　双波

④ 在进行双通道操作时⓫垂直方式中的 DUAL 或加减方式，必须通过触发信号源的开关来选择通道 1 或通道 2 的信号作为触发信号。如果 CH1 与 CH2 的信号同步，则两个波形都会稳定显示出来。反之，则仅有触发信号源的信号可以稳定地显示出来；如果㉙触发源的交替按钮被按下在双踪交替显示时，触发信号交替来自两个 Y 通道，此方式用于同时观察两路不相关的信号。

3.3.4　加减操作

通过设置⓫垂直方式到"叠加"的状态，可以显示图 3-49 所示的 CH1 与 CH2 信号的代数和，如图 3-50 所示。

CH1与CH2代数和波形　设置垂直方式到"叠加"的状态

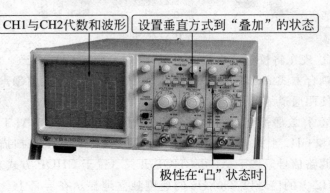

极性在"凸"状态时

图 3-50　双波代数和

当 CH2 极性开关被按入时，两信号相减则为代数减，如图 3-51 所示。

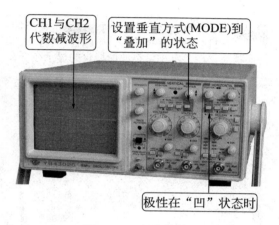

CH1与CH2代数减波形

设置垂直方式(MODE)到"叠加"的状态

极性在"凹"状态时

图 3-51　双波代数差

为了得到加减的精确，两个通道的衰减设置必须一致。可以通过❿垂直位移来调整。鉴于垂直放大器的线性，最好将该旋钮设置在中间位置。

3.3.5　触发源的选择

(1)　⓴扫描方式（图 3-52）

AUTO：当为自动模式时，扫描产生器自动产生一个没有触发信号的扫描信号；当有触发信号时，它会自动转换到触发扫描，通常第一次观察一个波形时，将其设置于"AUTO"，当一个稳定的波形被观察到以后，再调整其他设置。当其他控制部分设定好以后，通常将开关设回到"NORM"触发方式，因为该方式更加灵敏，当测量直流信号或小信号时必须采用"AUTO"方式。

NORM：常态，通常扫描器保持在静止状态，屏幕上无光迹显示。当触发信号经过由"触发电平开关"设置的阀门电平时，扫描一次。之后扫描器又回到静止状态，直到下一次被触发。在双踪显示"ALT"与"NORM"扫描时，除非通道1与通道2都有足够的触发电平，否则不会显示。

自动(AUTO)当无处发信号输入时，屏幕上显示扫描光迹，一旦有触发信号输入，电路自动转换为触发扫描状态，调节电平可是波形稳定的显示在屏幕上，此方式适合观察频率在50Hz以上信号。

常态(NORM)无信号输入时,屏幕上无光迹显示,有信号输入时,且触发电平旋钮在合适位置上,电路被触发扫描,当被测信号频率低于50Hz时,必须选择该方式

图 3-52　扫描方式

锁定：仪器工作在锁定状态后，无需调节电平即可使波形稳定地显示在屏幕上。

单次：用于产生单次扫描，进入单次状态后，按动复位键，电路工作在单次扫描方式，扫描电路处于等待状态，当触发信号输入时，扫描只产生一次，下次扫描需再次按动复位按键。

(2) ㉙触发源的第一组

为了在屏幕上显示一个稳定的波形，需要给触发电路提供一个与显示信号在时间上关连的信号，触发源开关就是用来选择该触发信号的（图 3-53）。

CH1：大部分情况下采用的是内触发模式。

CH2：送到垂直输入端的信号在预放以前分一支到触发电路

中。由于触发信号就是测试信号本身，显示屏上出现一个稳定的波形在 DUAL 或 ADD 方式下，触发信号由触发源开关来选择。

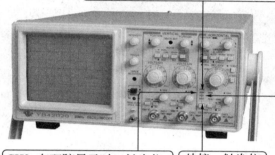

CH1：在双踪显示时，触发信号来自CH1通道，单踪时，触发信号来自被显示的通道

交替：在双踪交替显示时，触发信号交替来自与两个Y通道，此时用于同时观察两路不相关的信号

CH2：在双踪显示时，触发信号来自CH2通道，单踪显示时触发信号来自被显示的通道

外接：触发信号来自与外接输入端口

图 3-53　触发源（一）

LINE：用交流电源的频率作为触发信号。这种方法对于测量与电源频率有关的信号十分有效。如，音响设备的交流噪声，晶闸管电路等。

EXT：用外来信号驱动扫描触发电路。该外来信号因与要测的信号有一定的时间关系。波形可以更加独立地显示出来。

（3）㉙触发源的第二组

见图 3-54。

TV-V（电视场）：当需要观察一个整场的电视信号时，将 MODE 开关设置到 TV-V，对电视信号的场信号进行同步，扫描时间通常设定到 2ms/DIV（一帧信号）或 5ms/DIV（一场两帧隔行扫描信号）。

TV-H（电视行）：对电视信号的行信号进行同步，扫描时间通常为 $10\mu s$/DIV 显示几行信号波形，可以用微调旋钮调节扫描时间到所需要的行数。示波器的同步信号是负极的。见图 3-55。

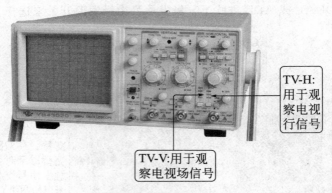

图 3-54 触发源（二）

图 3-55 负极信号

（4）⑲电平和⑱极性

当触发信号形成时通过一个预置的阀门电平会产生一个扫描触发信号，调整触发电平旋钮可以改变该电平，向"＋"方向时，阀门电平增大，向"－"方向时，阀门电平减小，当在中间位置时，阀门电平设定在信号的平均值上。

触发电平可以调节扫描起点在波形的任一位置上。对于正旋信号，起始相位是可变的。注意：如果触发电平的调节过正或过负，就不会产生扫描信号，因为这时触发电平已经超过了同步信号的幅值。

极性触发开关设置在"凸"时，上升沿触发，极性触发开关设置在"凹"时，下降沿触发，如图 3-56 所示。

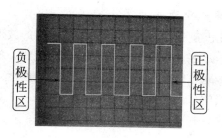

图 3-56　波形极性

（5）⓫垂直方式（MODE）的交替触发（图 3-57）

　　当垂直方式选定在双踪显示时，该开关用于交替触发和交替显示（适用于 CH1、CH2、或相加方式）。在交替方式下，每一个扫描周期，触发信号交替一次。这种方式有利于波形幅度、周期的测试，甚至于可以观察两个在频率上并无联系的波形。但不适合于相位和时间对比的测量。对于此测量，两个通道必须采用同一同步信号触发。

　　注：在双踪显示时，如果"CHOP"和"TRIG ALT"同时按下，则不能同步显示，因为"CHOP"信号成为触发信号。请使用"交替 ALT"方式或直接选择 CH1 或 CH2 作为触发信号源。

在双踪显示时要把垂直方式置于ALT,否则不能同步显示

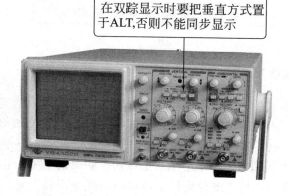

图 3-57　垂直方式

（6）㉖扫描速率选择开关

调节扫描速度旋钮，可以选择你想要观察的波形个数，如果屏幕上显示的波形过多，则调节扫描时间更快一些，如果屏幕只有一个周期的波形，则可以减慢扫描时间。当扫描速度太快时，屏幕上只能观察到周期信号的一部分。如被测信号是一个方波信号，可能在屏幕上显示的只有一条直线。

（7）㉓×5 扩展

当需要观察一个波形的一部分时，需要很高的扫描速度，但是如果想要观察的部分远离扫描的起点，则要观察的波形可能已经出到屏幕以外，这时就需要使用扫描扩展开关。当扫描扩展开关有效后，显示的范围会扩展 5 倍。这时的扫描速度是"扫描速度开关"上的值×1/10。如，1μs/div 可以扩展到 50ns/div，如图 3-58 所示。

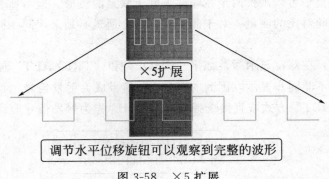

图 3-58　×5 扩展

3.3.6　X-Y 操作（图 3-59）

将扫描速度开关设定在 X-Y 位置时，示波器工作方式为 X-Y。

注意：当高频信号在 X-Y 方式时，应注意 X 与 Y 轴的频率、相位上的不同。X-Y 方式允许示波器进行常规示波器所不能做的很多测试。CRT 可以显示一个电子图形或两个瞬时的电平。它可以是两个电平直接的比较，就像向量示波器显示视频彩条图形。如果使用一个传感器将有关参数（频率、温度、速度）转换成电压的话，X-Y

方式就可以显示几乎任何一个动态参数的图形。一个通用的例子就是频率响应的测试。这里 Y 轴对应于信号幅度 X 轴对应于频率。

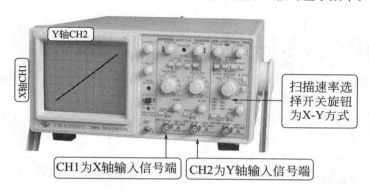

图 3-59　X-Y 操作

3.3.7　直流平衡调整（DC BAL）

垂直轴的 ATT 平衡调整很容易进行，步骤如下。

① 完成图 3-60 的操作后用❶❹垂直位移、❶❼水平位移将光迹调到中间位置。

② 将衰减开关设定到5～10mV，调整 DC BAL 到光迹不移动为止。

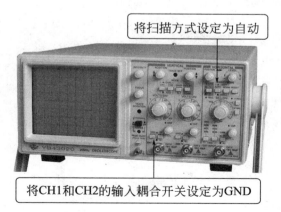

图 3-60　直流平衡调整

第4章

双轨迹示波器的使用

双轨迹示波器具有坚固耐用、易于操作、可靠性高等特点，是目前普遍使用的一种示波器。

 双轨迹示波器 GOS-620 的介绍

4.1.1 双轨迹示波器 GOS-620 简介

如图 4-1 所示，双轨迹示波器 GOS-620 是频宽从 DC（直流）至 20MHz（−3dB）的可携带式双频道示波器，灵敏度最高可达 1mV/DIV，并具有长达 $0.2\mu s$/DIV 的扫描时间，放大 10 倍时最高扫描时间为 100ns/DIV。双轨迹示波器 GOS-620 采用内附红色刻度线的直角阴极射线管，测量值精确。

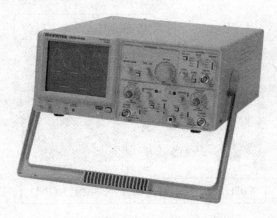

图 4-1　双轨迹示波器 GOS-620

第**4**章　双轨迹示波器的使用

（1）双轨迹示波器 GOS-620 的工作原理

示波器的核心部件是示波管。示波管的结构如图 4-2 所示。

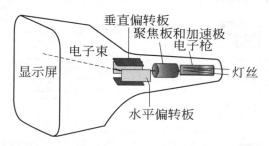

图 4-2　示波管内部结构

电子枪被灯丝加热后发射电子。聚焦极将电子枪发射的电子聚焦为极细的电子束，可使波形显示清晰。加速极上加有较高的正电压，吸引电子脱离电子枪高速运动；显示屏上加有极高的正电压，吸引电子撞击在显示屏面上，使显示屏面涂的荧光材料发光。垂直偏转板和水平偏转板上加有偏转电压，偏转电压的极性和幅值控制电子束撞击显示屏面的位置。当偏转电压跟随输入信号变化时，就可以使电子束在屏面上"画"出信号波形。

双轨迹示波器具有两路输入端，可同时接入两路电压信号进行显示。在示波器内部，将输入信号放大后，使用电子开关将两路输入信号轮换切换到示波管的偏转板上，使两路信号同时显示在示波管的屏面上，便于进行两路信号的观测比较。双轨迹示波器 GOS-620 原理图如图 4-3 所示。

（2）双轨迹示波器 GOS-620 的特点

① 高亮度、高加速电压的阴极射线管　阴极射线管是采用 2kV 高加速电压来达到强电子束传输，并具有高亮度特性，即使在高扫描速度时，也可以显示清晰的轨迹。

② 宽频带、高灵敏度　频宽高达 DC～20MHz（－3dB），并且提供 5mV/DIV（或放大 5 倍时 1mV/DIV）的高灵敏度特性。

89

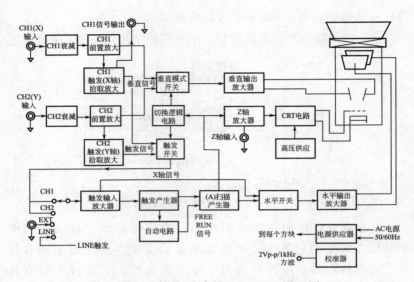

图 4-3 双轨迹示波器 GOS-620 原理图

频率于 20MHz 时可获得稳定的同步触发。

③ 交替触发 当观察 2 个不同信号源的波形时，可交替触发获得稳定的同步。

④ TV 同步触发 内附 TV 同步分离电路，可清楚观测 TV-V 及 TV-H 视频信号。

⑤ CH1 信号输出 在后面板上的 CH1 信号输出端子可以作为频率计数用，或连接至其他仪器配合使用。

⑥ Z 轴输入 提供 Z 轴输入时间或频率标记信号来作为亮度调变，正向信号将使轨迹变暗。

⑦ X-Y 设定 X-Y 模式时，本示波器可成为 X-Y 示波器，CH1 可作为水平偏向（X-AXIS），CH2 可作为垂直偏向（Y-AXIS）。

4.1.2 双轨迹示波器 GOS-620 的技术性能

见表 4-1。

表 4-1 双轨迹示波器 GOS-620 的技术性能

项 目		技术指标
垂直系统	灵敏度	5mV～5V/DIV,以 1—2—5 顺序共 10 个文件
	灵敏准确度	≤3%(×5MAG: ≤ 5%)
	频宽	DC～20MHz(×5MAG,DC～7MHz)
		AC 耦合:最低限制频率 10Hz(频响于 −3dB时,参考频率为 100kHz,8DIV)
	上升时间	约 17.5ns(×5MAG,约 50ns)
	输入阻抗	约 1MΩ 约 25pF
	方波特性	过激量:≤ 5%(在 10mV/DIV 挡位时)其他失真度及其他挡位:上项数值加 5%
	DC 平衡漂移	可从面板上调整
	线性度	当在刻度线中央的 2DIV 波形垂直移动时,振幅变化<±0.1DIV
	垂直模式	CH1:CH1 单一频道
		CH2:CH2 单一频道
		DUAL:CH1 & CH2 双频道显示,并可选择切换 ALT/CHOP 模式
		ADD:CH1 + CH2 代数相加
	重复斩波频率	约 250kHz
	输入耦合方式	AC,GND,DC
	最大输入电压	300V(DC + AC peak),AC:1kHz 或较低的频率
	共模拒斥比	50kHz 的正弦波时为 50:1 或更好(CH1 及 CH2 的灵敏度设定相同时)
	频道间的隔离比	50kHz 时>1000:1 20MHz 时>30:1(在 5mV/DIV 挡位时)
	CH1 信号输出	在 50Ω 终端时约 20mV/DIV 以上,频率为 50Hz～5MHz 以上
	CH2 INV 平衡	平衡点变化:≤1DIV(参考值在中央刻度线)

第4章 双轨迹示波器的使用

91

零起点看图学 示波器的使用

项　　目		技术指标
触发系统	触发源	CH1,CH2,LINE,EXT(CH1 及 CH2 仅可在垂直模式为 DUAL 或 ADD 时选用。在 ALT 模式中按下 TRIG. ALT 钮,即可交替触发两个不同的信号来源)
	耦合	AC:20Hz～20MHz
	极性	+ /-
	灵敏度	20Hz ～ 2MHz: 0. 5DIV, TRIG-ALT: 2DIV, EXT:200mV 2 ～ 20MHz: 1. 5DIV, TRIG-ALT: 3DIV, EXT:800mV TV:同步脉波 1DIV(EXT:1V)
	触发模式	AUTO:无触发输入信号时,以自由模式扫描(适用于 25Hz 或更高频的重复信号) NORM:无触发信号时,轨迹将处于预备(Ready)状态而不会显示 TV-V:观测 TV 垂直信号 TV-H:观测 TV 水平信号
	EXT触发信号输入 输入阻抗 最大输入电压	约 1MΩ　约 25pF 300V (DC + AC peak), AC:频率小于1kHz
水平系统	扫描时间	0. 2μs～0.5s/DIV,依 1—2—5 顺序共 20文件
	扫描时间准确度	±3%
	可变扫描时间控制	≤面板显示值的 1/2.5
	扫描放大倍率	10 倍(最高扫描时间为 100ns/DIV)
	×10MAG 扫描时间准确度	±5%(20ns & 50ns 未校准)
	线性度	±3%,×10MAG:±5%(20ns & 50ns 未校准)
	×10MAG 导致的位移	在 CRT 显示屏中央 2DIV 以内

项 目		技术指标
X-Y 模式	灵敏度	与垂直轴相同 (X 轴为 CH1 输入信号;Y 轴为 CH2 输入信号)
	频宽	DC∼500kHz
	X-Y 轴相位差	DC∼50kHz 时≤3%
Z 轴	灵敏度	5Vp-p(输入正信号时轨迹会变暗)
	频宽	DC∼2MHz
	输入阻抗	约 47kΩ
	最大输入电压	30V(DC + AC peak,AC 频率≤1kHz)
校正电压	波形	正向方波
	频率	约 1kHz
	工作周期比	48 : 52 以内
	输出电压	2Vp-p ± 2%
	输出阻抗	约 1kΩ
CRT	型式	内附刻度线的 6in 直角型
	磷光质	P31
	加速电压	约 2kV
	有效屏幕尺寸	8 × 10 DIV(1DIV = 10mm 或 0. 39in)
	轨迹旋转	可调整
适用电源	电压	AC 115V,230V ± 15% (可自行选择)
	频率	50Hz 或 60Hz
	功率消耗	约 40V · A,35W(Max)

双轨迹示波器 GOS-620 的功能特点

4.2.1 双轨迹示波器 GOS-620 的按键分布

双轨迹示波器 GOS-620 如图 4-4 所示。

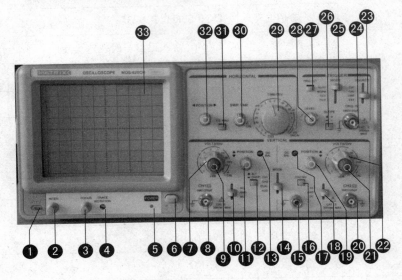

图 4-4 双轨迹示波器 GOS-620

4.2.2 前面板各按钮说明

（1）CRT 显示器部分

❷ INTEN 旋钮：图 4-5 为示波器的 INTEN 旋钮，它可以调节示波器轨迹及光点的亮度。

❸ FOCUS 旋钮：图 4-6 为示波器的 FOCUS 旋钮，它可以调节轨迹聚焦。

❹ TRACE ROTATION 调整钮：图 4-7 为 TRACE ROTA-TION 按钮，可以使水平轨迹与刻度线成平行的调整钮。

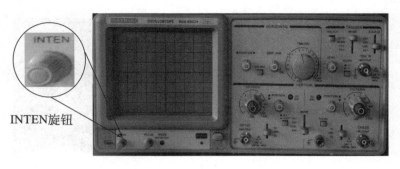

INTEN旋钮

图 4-5　INTEN 旋钮

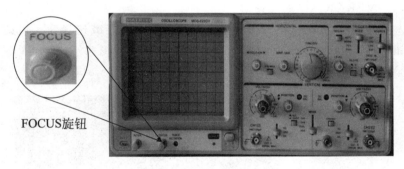

FOCUS旋钮

图 4-6　FOCUS 旋钮

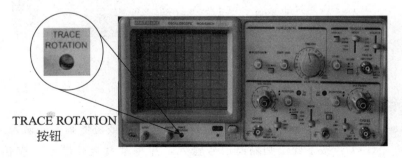

TRACE ROTATION
按钮

图 4-7　TRACE ROTATION 按钮

❻ POWER 电源开关：图 4-8 为电源主开关，按下此钮可接通电源，电源指示灯会发亮；再按一次，开关凸起时，则切断电源。

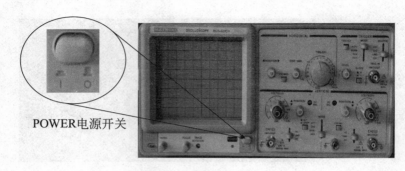

POWER电源开关

图 4-8　POWER 电源主开关

（2）VERTICAL 垂直偏向

❼❷ VOLTS/DIV 选择钮：图 4-9 为垂直衰减选择钮，以此钮选择 CH1 及 CH2 的输入信号衰减幅度，范围为 5mV/DIV～5V/DIV，共 10 挡。

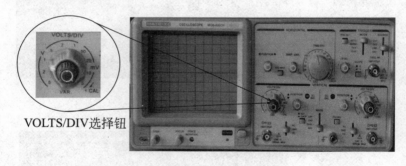

VOLTS/DIV选择钮

图 4-9　垂直衰减选择钮

❿⓲ AC-GND-DC 选择开关：图 4-10 为输入信号耦合选择开关。

AC：为垂直输入信号电容耦合，截止直流或极低频信号输入。

GND：按下此键则隔离信号输入，并将垂直衰减器输入端接地，使之产生一个零电压参考信号。

DC：垂直输入信号直流耦合，AC 与 DC 信号一起输入放大器。

图 4-10 AC-GND-DC 选择开关

❽ CH1（X）输入端：图 4-11 为 CH1 的垂直输入端；在 X-Y
模式中，为 X 轴的信号输入端。

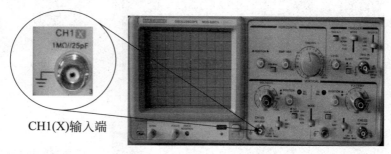

图 4-11 CH1（X）输入端

❾㉑ VARIABLE 旋钮：图 4-12 为灵敏度微调控制，至少可
调到显示值的 1/2.5。在 CAL 位置时，灵敏度即为挡位显示值。
当此旋钮拉出时（×5MAG 状态），垂直放大器灵敏度增加 5 倍。

㉒ CH2（Y）输入：图 4-13 为 CH2 的垂直输入端；在 X-Y 模
式中，为 Y 轴的信号输入端。

⓫⓳ POSITION 旋钮：图 4-14 为 POSITION 旋钮，是轨迹及
光点的垂直位置调整钮。

⓮ VERT MODE 选择开关：图 4-15 为 CH1 及 CH2 选择垂直
操作模式选择开关。

CH1：设定本示波器以 CH1 单一频道方式工作。

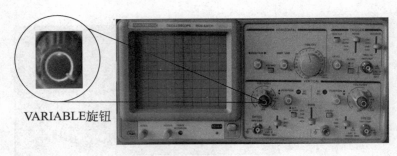

VARIABLE旋钮

图 4-12　VARIABLE 旋钮

CH2 Y
1MΩ/25pF

CH2(Y)输入

图 4-13　CH2 (Y) 输入

▲ POSITION ▼

POSITION旋钮

图 4-14　POSITION 旋钮

CH2：设定本示波器以 CH2 单一频道方式工作。

DUAL：设定本示波器以 CH1 及 CH2 双频道方式工作，此时并可切换 ALT/CHOP 模式来显示两轨迹。

ADD：用以显示 CH1 及 CH2 的相加信号；当 CH2INV 键 ⑯

为压下状态时，即可显示 CH1 及 CH2 的相减信号。

⓭⓱ DC BAL 旋钮：图 4-16 为 CH1&CH2 的调整垂直直流平衡点的旋钮。

VERT MODE 选择开关

图 4-15　VERT MODE 选择开关

DC BAL 旋钮

图 4-16　DC BAL 旋钮

⓬ ALT/CHOP 按钮：图 4-17 为 ALT/CHOP 按钮，当在双轨迹模式下，放开此键，则 CH1&CH2 以交替方式显示（一般使用于较快速的水平扫描文件位）。当在双轨迹模式下，按下此键，则 CH1&CH2 以切割方式显示（一般使用于较慢速的水平扫描文件位）。

⓰ CH2 INV 按钮：图 4-18 为 CH2 INV 按钮，此键按下时，CH2 的信号将会被反向。CH2 输入信号于 ADD 模式时，CH2 触发截选信号（Trigger Signal Pickoff）亦会被反向。

（3）TRIGGER 触发

㉖ SLOPE 按钮：图 4-19 为触发斜率选择键。

图 4-17 ALT/CHOP 按钮

图 4-18 CH2 INV 按钮

图 4-19 SLOPE 按钮

十：凸起时为正斜率触发，当信号正向通过触发准位时进行触发。

一：压下时为负斜率触发，当信号负向通过触发准位时进行触发。

❷❹ EXT TRIG. IN 端子：图 4-20 为 EXT TRIG. IN 输入端子，可输入外部触发信号。欲用此端子时，须先将 SOURCE 选择器❷❸置于 EXT 位置。

图 4-20　EXT TRIG. IN 端子

❷❼ TRIG. ALT 按钮：图 4-21 为触发源交替设定键，当 VERT MODE 选择器❶❹在 DUAL 或 ADD 位置，且 SOURCE 选择器❷❸置于 CH1 或 CH2 位置时，按下此键，本仪器即会自动设定 CH1 与 CH2 的输入信号以交替方式轮流作为内部触发信号源。

图 4-21　TRIG. ALT 按钮

❷❸ SOURCE 选择开关：图 4-22 为内部触发源信号及外部 EXT TRIG. IN 输入信号选择开关。

CH1：当 VERT MODE 选择器❶❹在 DUAL 或 ADD 位置时，以 CH1 输入端的信号作为内部触发源。

CH2：当 VERT MODE 选择器❶❹在 DUAL 或 ADD 位置时，

101

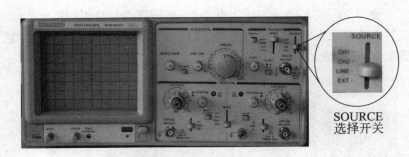

图 4-22　SOURCE 选择开关

以 CH2 输入端的信号作为内部触发源。

LINE：将 AC 电源线频率作为触发信号。

EXT：将 TRIG. IN 端子输入的信号作为外部触发信号源。

❷ TRIGGER MODE 选择开关：图 4-23 为触发模式选择开关。

AUTO：当没有触发信号或触发信号的频率小于 25Hz 时，扫描会自动产生。

NORM：当没有触发信号时，扫描将处于预备状态，屏幕上不会显示任何轨迹。本功能主要用于观察≤25Hz 的信号。

TV-V：用于观测电视信号的垂直画面信号。

TV-H：用于观测电视信号的水平画面信号。

图 4-23　TRIGGER MODE 选择开关

❷ LEVEL 旋钮：图 4-24 为触发准位调整钮，旋转此钮以同步波形，并设定该波形的起始点。将旋钮向"＋"方向旋

图 4-24 LEVEL 旋钮

转，触发准位会向上移；将旋钮向"一"方向旋转，则触发准位向下移。

（4）水平偏向

㉙ TIME/DIV 旋钮：图 4-25 为扫描时间选择钮，扫描范围从 $0.2\mu s/DIV$ 到 $0.5\mu s/DIV$ 共 20 个挡位。X-Y：设定为 X-Y 模式。

图 4-25 TIME/DIV 旋钮

㉚ SWP. VAR 旋钮：图 4-26 为扫描时间的可变控制旋钮，若按下 SWP. UNCAL 键⑲，并旋转此控制钮，扫描时间可延长至少为指示数值的 2.5 倍；该键若未压下时，则指示数值将被校准。

㉛ ×10MAG 按钮：图 4-27 为水平放大键，按下此键可将扫描放大 10 倍。

㉜ POSITION 旋钮：图 4-28 为轨迹及光点的水平位置调整钮。

图 4-26　SWP. VAR 旋钮

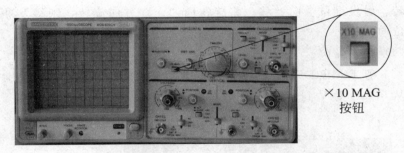

图 4-27　×10MAG 按钮

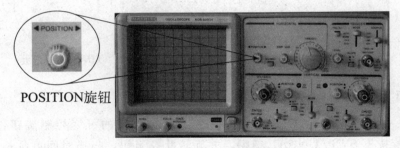

图 4-28　POSITION 旋钮

（5）其他功能

❶ CAL（2Vp-p）端子：图 4-29 为 CAL（2Vp-p）端子，此端子会输出一个 2Vp-p，1kHz 的方波，用以校正测试棒及检查垂直偏向的灵敏度。

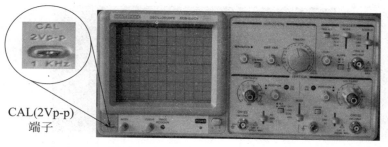

CAL(2Vp-p)
端子

图 4-29　CAL（2Vp-p）端子

⓯ GND 端子：图 4-30 为示波器接地端子。

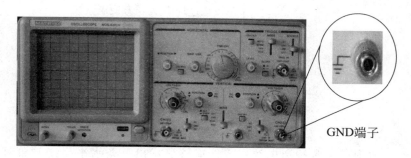

GND端子

图 4-30　GND 端子

 双轨迹示波器的测量与使用方法

4.3.1　双轨迹示波器 GOS-602 的校正

（1）示波器校正

示波器和其他仪器一样（如万用表），在使用之前需要对其进行校正。而所谓的示波器校正，是将示波器的原来波形在测试之前正确调试出来。也就是说，校正出来的示波器本身所设定的参数一致（这些参数通常会在矫正的测试点标识出来），如图 4-31 所示。

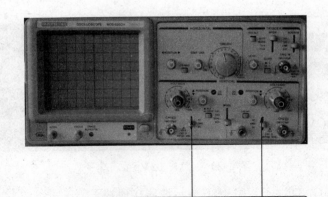

在校正过程中,为了方便观察波形,应首先将波形的中心位置调节好,这就要将输入之间的链接模态信号的开关拨到GND位置上

图 4-31　示波器的校正

这时若正常接通电源,应该能够显示出一条水平亮线,如图 4-32 所示。

完成后,将 GND 转换成 AC,在输入校正波形时,要把衰减或扩大按钮调到原始位置上,如果拨错了会严重影响被测波形数值的准确性,对输入踪道的选择,完全操纵在 MODE 选择键上,调试出来的波形如果闪烁不定,那就要考虑到同步功能键,即 LEV-EL,如图 4-33 所示。

(2) 周期数调节

通常需要校正的主要是电压峰值和周期数的调节,这也就是我们对波形的测试内容。各按钮上的标志指向哪一个数值,表示这一数值就是显示屏的坐标轴上每一个单位数值。横坐标表示周期,纵坐标表示电压幅值,如图 4-34 所示。

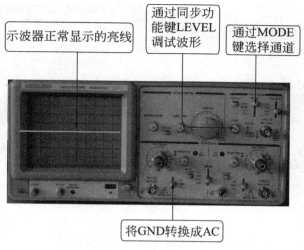

图 4-32　示波器调节

通过同步功能键LEVEL调试波形

通过MODE键选择通道

示波器正常显示的亮线

将GND转换成AC

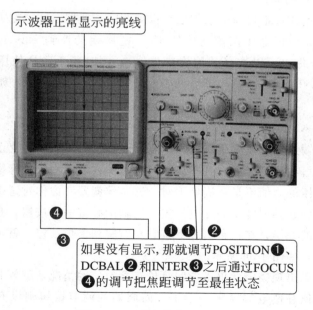

示波器正常显示的亮线

如果没有显示，那就调节POSITION❶、DCBAL❷和INTER❸之后通过FOCUS❹的调节把焦距调节至最佳状态

图 4-33　示波器校正过程

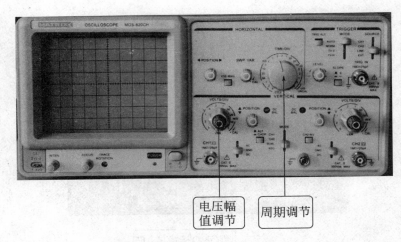

电压幅值调节　周期调节

图 4-34　示波器电压幅值与周期调节

（3）正式校正

在正式校正之前的工作也是很重要的，根据示波器左下角的参考数值，应把电压挡拨到单位 1V，把周期挡拨到 1ms 的位置上（当然，你也可以选择其他为单位值），同时还要确认使用哪一个 CHANNEL（哪一踪）或者两个 CHANNEL 一起使用，如图 4-35 所示。

（4）输入方式

将输入方式设到 AC 后，将信号传输线的探头接到校正的测试口，即可在显示屏上看到方波。但这时的方波不一定是标准的，有可能电压的峰值不足，周期不对，这时候就要考虑你对这个示波器各功能的熟悉程度了。在电压按钮的轴中心有一个按钮，是用来对电压值的补偿，在正常情况下将它左右旋到卡位锁定，就可以正常使用了，如图 4-36 所示。

如果出现锁定后仍不能回复校正参数值的情况，就要利用这个电压幅值补偿电位器来补偿了。而周期的调节按钮则没有那么隐蔽，它在周期单位设定大按钮的左边，标记是 SWP. VAR，它可

按POWER开始调整,把输入耦合方式拨到GND(输入对地),这是用来对波形的中心位置校正,配合此功能键的还有POSTION(波形上下调节按钮)。由于我们所测量的波形常常是脉冲信号波形,所以当中心位置调节完毕后,在一般情况下都会把挡位拨到AC(交流输入),而DC挡位(直流输入)在平时较为少用

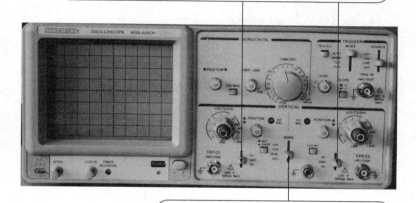

将MODE拨到不同的位置可以选择不同的功能。
拨到CH1位置：显示第一踪(第一通道)
拨到CH2位置：显示第二踪(第二通道)
拨到DUAL位置：双踪同时使用
拨到ADD位置：双踪叠加

图 4-35　示波器正式校正步骤

以对波形周期进行调整。同时,在 SWP. VAR 的左边还有一个 POSMCN 按钮,其作用是将波形水平平移,它是调节 SWP. VAR 使用的,让我们能更准确方便地观察或调解波形的周期,这些都可以将示波器的原始波形设置成符合校正参考数值。如果遇到了这种情况;探头接到校正测试口时波形不能静止下来。则有可能是因为这个位于周期大按钮右边的 LEVEL 还没有调节好。LEVEL 的名称叫"寻迹电平",而它的实际作用是用来水平同步补充控制,当

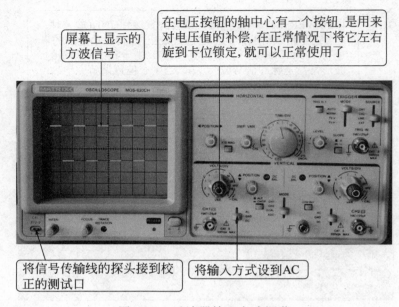

屏幕上显示的方波信号

在电压按钮的轴中心有一个按钮, 是用来对电压值的补偿, 在正常情况下将它左右旋到卡位锁定, 就可以正常使用了

将信号传输线的探头接到校正的测试口

将输入方式设到AC

图 4-36　示波器输入方式调节

两踪同时使用时往往会出现水平不能同步, 这时候就要考虑到 LEVEL 顶部上的 TRIC ALT 按键了, 这是强制性锁定。如果你熟悉这些按键, 示波器的原始波形校正并不是困难的事, 如图 4-37 所示。

(5) 示波器校正注意事项

校正波形有以下几个需要注意的地方。

① 信号传输线的信号衰减按钮, 如图 4-38 所示。

② 还有一个就是位于 SWP. VAR 和 POSMCN 中间的扩大按键 (×10 盘 MAC)。

也就是说, 所谓的扩大和衰减只是多周期而言, 而对电压幅度则不起作用, 而且不论是扩大还是衰减, 调整波形完毕后都要相应地将周期的倍数缩小或放大。为了使波形的读数更加精确、清晰, 在原始校正波形时, 一定要把波形跳的最准、最清晰, 线条调制最

POSMCN按钮,其作用是将波形水平平移,它是调节SWP.VAR使用的,让我们能更准确方便地观察或调解波形的周期

SWP.VAR,它可以对波形周期进行调整

TRIC ALT按键的功能是强制性锁定

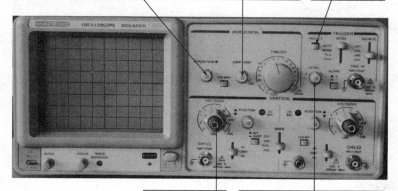

可通过此按钮来补偿电压

LEVEL的名称叫"寻迹电平",而它的实际作用是用来水平同步补充控制

图 4-37 示波器交流电校正步骤

信号传输线的信号衰减挡位。当拨到×1时,表示无衰减(平时设定点);拨在×10时,表示衰减10倍,通常在输入信号的频率过低时,它相应的周期会变得很大,这时就要先进行衰减在做测试了,不过还是要在测试出结果中提升10倍才行,这样才是原来的波形值

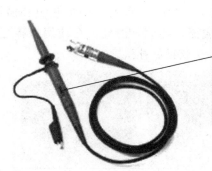

图 4-38 示波器信号笔衰减挡位调整

精细,只有这样,读数才会最为准确,误差才会降至最少,这对故障分析往往有举足轻重的作用,如图 4-39 所示。

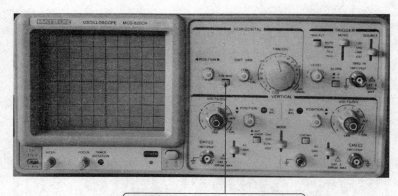

当被测波形的频率很高时，就要
运用到这个扩大按键了

图 4-39　示波器测量高频率波形

校正波形调整完毕后，所有补偿按钮都不能调动和更改（即 SWP VAP
和电压补偿），否则将要再次对示波器重新校正一次。

（6）探棒校正

探棒可进行极大范围的衰减，因此，若没有适当的相位补偿，
所显示的波形可能会失真而造成测量错误。因此，在使用探棒之
前，请参阅图 4-40，并依照下列步骤做好补偿。

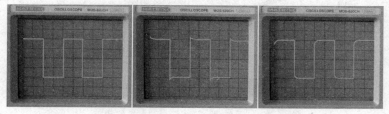

正确补偿　　　　　　过度补偿　　　　　　补偿不足
图 4-40　示波器相位补偿波形

① 将探棒的 BNC 连接至示波器上 CH1 或 CH2 的输入端（探

棒上的开关置于×10位置)。

② 将VOLTS/DIV钮转至50mV位置。

③ 将探棒连接至校正电压输出端CAL。

④ 调整探棒上的补偿螺钉,直到CRT出现最佳、最平坦的方波为止。

(7) DC BAL 的调整

垂直轴衰减直流平衡的调整十分容易,其步骤如下(如图4-41所示)。

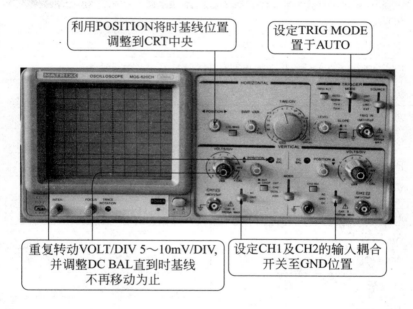

利用POSITION将时基线位置调整到CRT中央

设定TRIG MODE置于AUTO

重复转动VOLT/DIV 5～10mV/DIV,并调整DC BAL直到时基线不再移动为止

设定CH1及CH2的输入耦合开关至GND位置

图 4-41　DC BAL 的调整

① 设定CH1及CH2的输入耦合开关至GND位置,然后设定TRIGMODE置于AUTO,利用POSITION将时基线位置调整到CRT中央。

② 重复转动VOLTS/DIV 5～10mV/DIV,并调整DC BAL直到时基线不再移动为止。

4.3.2 双轨迹示波器 GOS-602 基本操作方法

(1) 单一频道基本操作法

　　插上电源插头之前，请务必确认后面板上的电源电压选择器已调至适当的电压。确认之后，请依照表 4-2，顺序设定各旋钮及按键，参考图 4-4。

表 4-2　设定各旋钮及按键

项　目		设　定
POWER	⑥	OFF 状态
INTEN	②	中央位置
FOCUS	③	中央位置
VERT MODE	⑭	CH1
ALT /CHOP	⑫	凸起(ALT)
CH2 INV	⑯	凸起
POSITION ↕	⑪⑲	中央位置
VOLTS /DIV	⑦㉒	0.5V /DIV
VARIABLE	⑨㉑	顺时针转到底 CAL 位置
AC-GND-DC	⑩⑱	GND
SOURCE	㉓	CH1
SLOPE	㉖	凸起(+ 斜率)
TRIG. ALT	㉗	凸起
TRIGGER MODE	㉕	AUTO
TIME /DIV	㉙	0.5ms /DIV
SWP. VAR	㉚	顺时针转到 CAL 位置
◀ POSITION ▶	㉜	中央位置
× 10MAG	㉛	凸起

按照表 4-2 设定完成后，请插上电源插头，继续下列步骤。

① 转动 INTEN❷及 FOCUS❸钮，以调整出适当的轨迹亮度及聚焦。

② 调 CH1 POSITION 钮⓫及 TRACE ROTATION❹，使轨迹与中央水平刻度线平行。

③ 将探棒连接至 CH1 输入端❽，并将探棒接上 2Vp-p 校准信号端子❶。

④ 将 AC-GND-DC⓾置于 AC 位置，此时，CRT 上会显示如图 4-42 的波形。

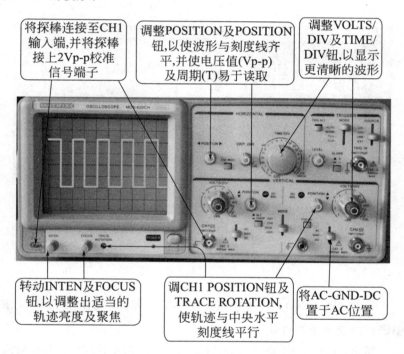

图 4-42　示波器方波波形

⑤ 欲观察细微部分，可调整 VOLTS/DIV❼及 TIME/DIV㉙钮，以显示更清晰的波形。

⑥ 调整 ➚ POSITION⓫及 ◀ POSITION ▶ ㉜钮，以使波形与刻度线齐平，并使电压值（Vp-p）及周期（T）易于读取。

（2）双频道操作法

① 将 VERT MODE⓮置于 DUAL 位置。此时，显示屏上应有两条扫描线，CH1 的轨迹为校准信号的方波；CH2 则因尚未连接信号，轨迹呈一条直线。将探棒连接至 CH2 输入端⓴，并将探棒接上 2Vp-p 校准信号端子❶，如图 4-43 所示。

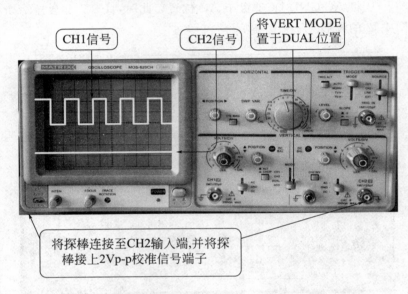

图 4-43　示波器双频道波形

② 将 AC-GND-DC 选择钮置于 AC 位置，调 ➚ POSITION 钮⓫⓳，以使两条轨迹如图 4-44 所示。

当 ALT/CHOP 放开时（ALT 模式），则 CH1&CH2 的输入信号将以交替扫描方式轮流显示，一般使用于较快速的水平扫描文件位；当 ALT/CHOP 按下时（CHOP 模式），则 CH1&CH2 的输入信号将以大约 250kHz 斩切方式显示在屏幕上，一般使用于较慢

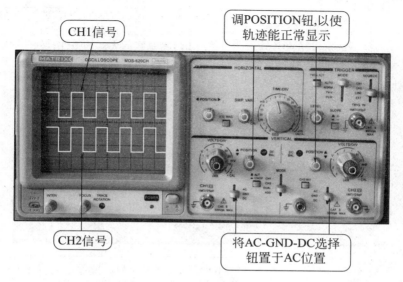

CH1信号

调POSITION钮,以使
轨迹能正常显示

CH2信号

将AC-GND-DC选择
钮置于AC位置

图 4-44　示波器双频道方波波形

速的水平扫描文件位。在双轨迹（DUAL 或 ADD）模式中操作时，SOURCE 选择器㉓必须拨向 CH1 或 CH2 位置，选择其一作为触发源。若 CH1 及 CH2 的信号同步，二者的波形皆会是稳定的；若不同步，则仅有选择器所设定触发源的波形会稳定，此时，若按下 TRIG. ALT 键㉗，则两种波形皆会同步稳定显示。

（3）ADD 操作方法

将 MODE 选择器⑭置于 ADD 位置时，可显示 CH1 及 CH2 信号相加之和；按下 CH2 INV 键，则会显示 CH1 及 CH2 信号之差。为求得正确的计算结果，事前请先以 SWP. VAR. 钮⑨㉑将两个频道的精确度调成一致。任一频道的 POSITION 钮皆可调整波形的垂直位置，但为了维持垂直放大器的线性，最好将两个旋钮都置于中央位置，如图 4-45 所示。

（4）触发

触发是操作示波器时相当重要的项目，请依照下列步骤仔细进行。

为求得正确的计算结果,事前请先以VAR.钮将两个频道的精确度调成一致

任一频道的POSITION钮皆可调整波形的垂直位置,但为了维持垂直放大器的线性,最好将两个旋钮都置于中央位置

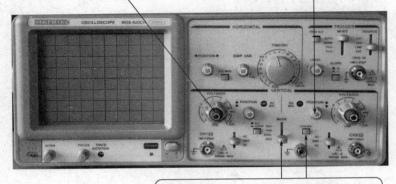

将MODE选择器置于ADD位置时,可显示CH1及CH2信号相加之和;按下CH2 INV键,则会显示CH1及CH2信号之差

图 4-45 ADD 操作方法

① MODE(触发模式)功能说明(如图 4-46 所示)

当设定于TV-V位置时,将会触发TV垂直同步脉波以便于观测TV垂直图场(field)或图框(frame)复合影像信号

当设定于AUTO位置时,将会以自动扫描方式操作

当设定于TV-H位置时,将会触发TV水平同步脉波以便于观测TV水平线(lines)复合影像信号

当设定于NORM位置时,将会以正常扫描方式操作

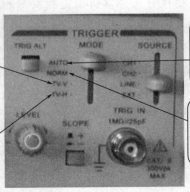

图 4-46 示波器触发模式功能

AUTO：在这种模式下即使没有输入触发讯号，扫描产生器仍会自动产生扫描线，若有输入触发讯号时，则会自动进入触发扫描方式工作。一般而言，当在初次设定面板时，AUTO 模式可以轻易得到扫描线，直到其他控制旋钮设定在适当位置，一旦设定完后，时常将其再切回 NORM 模式，因为此种模式可以得到更好的灵敏度。AUTO 模式一般用于直流测量以及讯号振幅非常低，低到无法触发扫描的情况下使用。

NORM：扫描线一般维持在准备状况，直到输入触发信号通过调整 TRIGLEVEL 控制钮越过触发准位时，将会产生一次扫描线，假如没有输入触发信号，将不会产生任何扫描线。在双轨迹操作时，若同时设定 TRIG. ALT 及 NORM 扫描模式，除非 CH1 及 CH2 均被触发，否则不会有扫描线产生。

TV-V：水平扫描时间设定于 2ms/DIV 时适合观测影像图场讯号，而 5ms/DIV 适合观测一个完整的影像图框（两个交叉图场）。

TV-H：水平扫描时间一般设定于 $10\mu s$/DIV，并可利用转动 SWP. VAR 控制钮来显示更多的水平线波形。

本示波器仅适用于负极性电视复合影像信号，也就是说，同步脉波位于负端而影像信号位于正端，如图 4-47 所示。

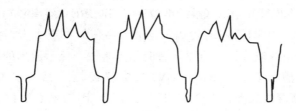

图 4-47　负极性电视复合影像信号波形

② SOURC 触发源功能说明（如图 4-48 所示）

CH1：CH1 内部触发。

CH2：CH2 内部触发。加入垂直输入端的信号，自前置放大

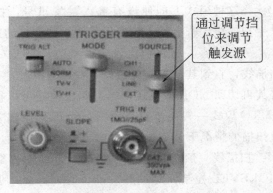

图 4-48　示波器触发源调节

器中分离出来之后，透过 SOURCE 选择 CH1 或 CH2 作为内部触发信号。因为触发信号是自调整过的，所以 CRT 上会显示稳定触发的波形。

LINE：自交流电源中拾取触发信号，此种触发源适合用于观察与电源频率有关的波形，尤其在测量音频设备与门流体等低准位 AC 噪声方面，特别有效。

EXT：外部信号加入外部触发输入端以产生扫描，所使用的信号应与被测量的信号有周期上的关系。因为被测量的信号若不作为触发信号，那么此法将可以捕捉到想要的波形。

③ TRIG LEVEL（触发准位）及 SLOPE（斜率）功能说明

调整 TRIG LEVEL 可以设定波形中任何一点作为扫描线的起始点，以正弦波为例，可以调整起始点来改变显示波形的相位。但请注意，假如转动 TRIG LEVEL 旋钮超出＋或－设定值，在 NORM 触发模式下将不会有扫描线出现，因为触发准位已经超出同步信号的峰值电压。当 TRIGS LOPE 开关设定在＋位置，则扫描线的产生将发生在触发同步信号的正斜率方向通过触发准位时，若设定在－位置，则扫描线的产生将发生在触发同步信号的负斜率方向通过触发准位时，如图 4-49 所示。

④ TRIG. ALT（交替触发）功能说明

当 TRIG SLOPE 开关设定在+位置,则扫描线的产生将发生在触发同步信号的正斜率方向通过触发准位时,若设定在–位置,则扫描线的产生将发生在触发同步信号的负斜率方向通过触发准位时

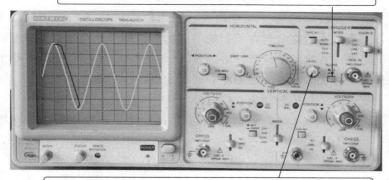

TRIG LEVEL 旋钮可用来调整触发准位以显示稳定的波形。当触发信号通过所设定的触发准位时,便会触发扫描,并在屏幕上显示波形。将旋钮向"+"方向旋转,触发准位会向上移动;将旋钮向"–"方向旋转,触发准位会向下移动;当旋钮转至中央时,则触发准位大约设定在中间值

图 4-49　TRIG LEVEL 旋钮调节波形斜率范围

　　TRIG. ALT 设定键一般使用在双轨迹并以交替模式显示时,作交替同步触发来产生稳定的波形。在此模式下,CH1 与 CH2 会轮流作为触发源信号各产生一次扫描。此项功能非常适合用来比较不同信号源的周期或频率关系,但请注意,不可用来测量相位或时间差。

 注意

　　当在 CHOP 模式时按下 TRIG. ALT 键,则是不被允许的,请切回 ALT 模式或选择 CH1 与 CH2 作为触发源。

（5）TIME/DIV 功能说明

　　此旋钮可用来控制所要显示波形的周期数,假如所显示的波形

太过于密集时，则可将此旋钮转至较快速的扫描文件位；假如所显示的波形太过于扩张，或当输入脉波信号时可能呈现一直线，则可将此旋钮转至低速挡，以显示完整的周期波形。

（6）扫描放大

若欲将波形的某一部分放大，则须使用较快的扫描速度，然而，如果放大的部分包含了扫描的起始点，那么该部分将会超出显示屏之外。在这种情况下，必须按下×10MAG键，即可以屏幕中央作为放大中心，将波形向左右放大十倍。

放大时的扫描时间为：（TIME/DIV 所显示之值）×1/10

因此，未放大时的最高扫描速度 $1\mu s$/DIV 在放大后，可增加为 100ns/DIV。

计算方式：$1\mu s$/DIV×1/10＝100ns/DIV

（7）X-Y 模式操作说明

将 TIME/DIV 旋钮设定至 X-Y 模式，则本仪器即可作为 X-Y 示波器。其输入端关系如下。

X 轴（水平轴）信号：CH1 输入端

Y 轴（垂直轴）信号：CH2 输入端

X-Y 模式可以使示波器在无扫描的操作下进行相当多的量测应用。以 X 轴（水平轴）与 Y 轴（垂直轴）两端各输入电压来显示，就如同向量示波器可以显示影像彩色条状图形一般。当然，假如能够利用转换器将任何特性（频率，温度，速度……）转换为电压信号，那么在 X-Y 模式之下几乎可以作任何的动态特性区线图形，但请注意，当应用于频率响应量测时，Y 轴必须为讯号峰值大小，而 X 轴必须为频率轴。

其一般设定调整如下，如图 4-50 所示。

① 设定 TIME/DIV 旋钮至 X-Y 位置（逆时针方向至底），CH1 为 X 轴输入端，CH2 为 Y 轴输入端。

② X 及 Y 之位置可调整水平◀▶POSITION 及 CH2▲▼POSI-TION 旋钮。

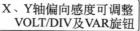

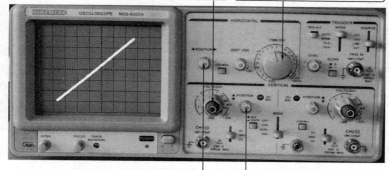

X、Y轴偏向感度可调整 VOLT/DIV及VAR旋钮　│　设定TIME/DIV旋钮至X-Y位置(逆时针方向至底)

X及Y的位置可调整水平POSITION 及垂直POSITION旋钮

图 4-50　示波器 X-Y 模式

③ 垂直（Y轴）偏向感度可调整 CH2 VOLT/DIV 及 VAR 旋钮。

④ 水平（X轴）偏向感度可调整 CH1 VOLT/DIV 及 VAR 旋钮。

第5章

数字示波器的使用

因为数字示波器具有波形触发、存储、显示、测量、波形数据分析处理等独特优点，所以其使用日益普及。这章我们主要以数字示波器 DS1000 为例介绍数字示波器的使用。

5.1 数字示波器 DS1000 的介绍

5.1.1 数字示波器 DS1000 的简介

数字示波器 DS1000 不仅具有多重波形显示、分析和数学运算功能，波形、设置、CSV 和位图文件存储功能，自动光标跟踪测量功能，波形录制和回放功能等，还支持即插即用 USB 存储设备和打印机，并可通过 USB 存储设备进行软件升级等。

数字示波器 DS1000 拥有简单而功能明晰的前面板，以进行所有的基本操作。各通道的标度和位置旋钮提供了直观的操作，完全符合传统仪器的使用习惯，用户不必花大量的时间去学习和熟悉示波器的操作，即可熟练使用。为加速调整，便于测量，可直接按 AUTO 键，立即获得适合的波形显现和挡位设置。

除易于使用之外，数字示波器 DS1000 还具有更快完成测量任务所需要的高性能指标和强大功能。通过 400MSa/s 的实时采样和 25GSa/s 的等效采样，可在数字示波器 DS1000 上观察更快的信号。强大的触发和分析能力使其易于捕获和分析波形。清晰的液晶显示和数学运算功能，便于更快更清晰地观察和分析信号问题。数字示波器 DS1000 如图 5-1 所示。

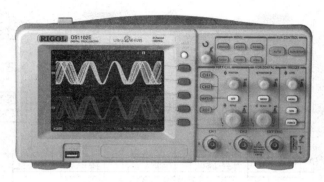

图 5-1　数字示波器 DS1000

(1) 数字示波器 DS1000 的工作原理

当信号进入数字存储示波器（DSO），在信号到达 CRT 的偏转电路之前，示波器将按一定的时间间隔对信号电压进行采样，对输入信号进行采样的速度称为采样速率，由采样时钟控制，一般为 20 兆次每秒（20MS/s）到 200MS/s。然后用一个模/数变换器（ADC）对这些瞬时值或采样值进行变换从而生成代表每一采样电压的二进制字，这个过程称为数字化。

获得的二进制数值按时间顺序储存在存储器中。

存储器中储存的数据用来加到 Y 偏转板在示波器的屏幕上重建信号波形的幅度。存储器的读出地址计数脉冲加至另一个水平通道的十位数/模变换器，得到一个扫描电压（时基电压），加至水平末级放大器放大后驱动 CRT 显示器的 X 偏转板，从而在 CRT 屏幕上以细密的光点包络重现出模拟输入信号。

图 5-2 为数字示波器 DS1000 原理图。

(2) 特点

① 双模拟通道，每通道带宽

100M（DS1102CD、DS1102C、DS1102MD、DS1102M）；60M（DS1062CD、DS1062C、DS1062MD、DS1062M）；40M（DS1042CD、

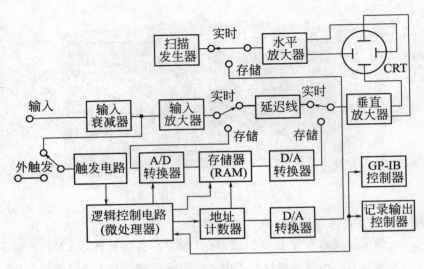

图 5-2　数字示波器 DS1000 原理图

DS1042C、DS1042MD、DS1042M）；25M（DS1022CD、DS1022C、DS1022MD、DS1022M）。

　　② 十六个数字通道，可独立接通或关闭通道，或以 8 个为一组接通或关闭（混合信号示波器）。

　　③ 高清晰彩色/单色液晶显示系统，320×234 分辨率。

　　④ 支持即插即用 USB 存储设备和打印机，并可通过 USB 存储设备进行软件升级。

　　⑤ 模拟通道的波形亮度可调。

　　⑥ 自动波形、状态设置（AUTO）。

　　⑦ 波形、设置、CSV 和位图文件存储以及波形和设置再现。

　　⑧ 精细的延迟扫描功能，轻易兼顾波形细节与概貌。

　　⑨ 自动测量 20 种波形参数。

　　⑩ 自动光标跟踪测量功能。

　　⑪ 独特的波形录制和回放功能。

　　⑫ 支持示波器快速校准功能。

⑬ 内嵌 FFT。

⑭ 实用的数字滤波器，包含 LPF、HPF、BPF、BRF。

⑮ Pass/Fail 检测功能，光电隔离的 Pass/Fail 输出端口。

⑯ 多重波形数学运算功能。

⑰ 边沿、视频、斜率、脉宽、交替、码型和持续时间（混合信号示波器）触发功能。

⑱ 独一无二的可变触发灵敏度，适应不同场合下特殊测量要求。

⑲ 多国语言菜单显示。

⑳ 弹出式菜单显示，用户操作更方便、直观。

㉑ 中英文帮助信息显示。

㉒ 支持中英文输入。

5.1.2 数字示波器 DS1000 的技术性能

见表 5-1。

表 5-1 数字示波器 DS1000 的技术性能

项 目		技术指标
垂直系统	A/D 转换器	8 比特分辨率,两个通道同时采样
	灵敏度范围	2mV/DIV～5V/DIV
	位移范围	±40V(200mV～5V), ±2V(2mV～100mV)
	模拟带宽	100MHz（DS1102CD, DS1102C, DS1102MD,DS1102M）
		60MHz（DS1062CD, DS1062C, DS1062MD,DS1062M）
		40MHz（DS1042CD, DS1042C, DS1042MD,DS1042M）
		25MHz（DS1022CD, DS1022C, DS1022MD,DS1022M）

续表

项　目		技术指标
垂直系统	单次带宽	80MHz（DS1102CD，DS1102C，DS1102MD,DS1102M）
		60MHz（DS1062CD，DS1062C，DS1062MD,DS1062M）
		40MHz（DS1042CD，DS1042C，DS1042MD,DS1042M）
		25MHz（DS1022CD，DS1022C，DS1022MD,DS1022M）
	典型的模拟带宽限制	20MHz
	低频响应	≤5Hz
	上升时间	100M，＜3.5ns
		60M，＜5.8ns
		40M，＜8.7ns
		25M，＜14ns
	直流增益精确度	2mV/DIV～5mV/DIV，±4%
		10mV/DIV～5V/DIV，±3%
触发系统	触发灵敏度	0.1DIV～1.0DIV，用户可调节
	触发电平范围	内部：距屏幕中心±12格
		EXT：±1.2V
		EXT/5：±6V
	触发电平精确度	内部：±(0.3DIV×V/DIV)
		EXT：±(6%设定值+40mV)
		EXT/5：±(6%设定值+200mV)
	触发位移	正常模式：预触发(采样率，延迟触发1s)
		慢扫描模式：预触发6DIV，延迟触发6DIV
	释抑范围	100ns～1.5s
	设定电平至50%	输入信号频率≥50Hz条件下的操作

项　　目		技术指标
边沿触发	边沿类型	上升、下降、上升＋下降
脉宽触发	触发模式	（大于、小于、等于）正脉宽
		（大于、小于、等于）负脉宽
	脉冲宽度范围	20ns～10s
视频触发	信号制式	支持标准的 NTSC、PAL 和 SE-CAM 广播制式
	行频范围	1～525（NTSC）和 1～625（PAL/SECAM）
斜率触发	触发模式	（大于、小于、等于）正斜率
		（大于、小于、等于）负斜率
	时间设置	20ns～10s
交替触发	CH1 触发	边沿、脉宽、视频、斜率
	CH2 触发	边沿、脉宽、视频、斜率
持续时间触发	码型类型	D0～D15　选择 H、L、X
	限定符	大于、小于、等于
	时间设置	20ns～10s
输入	输入耦合	直流、交流或接地（DC、AC、GND）
	输入阻抗	1MΩ±2%，与 15pF±3pF 并联
	探头衰减系数设定	1×,10×,100×,1000×
	最大输入电压	400V（DC＋AC 峰值、1MΩ 输入阻抗）
		40V（DC＋AC 峰值）
	通道间时间延迟	500ns

5.1.3　常见故障维修

（1）如果按下电源开关示波器仍然黑屏，没有任何显示，请按下列步骤处理：

① 检查电源接头是否接好。

② 检查电源开关是否按实。

③ 做完上述检查后，重新启动仪器。

④ 如果仍然无法正常使用本产品，请让专业人士维修。

(2) 采集信号后，画面中并未出现信号的波形，请按下列步骤处理：

① 检查探头是否正常接在信号连接线上。

② 检查信号连接线是否正常接在 BNC（即通道连接器）上。

③ 检查探头是否与待测物正常连接。

④ 检查待测物是否有信号产生（可将有信号产生的通道与有问题的通道接在一起来确定问题所在）。

⑤ 再重新采集信号一次。

(3) 测量的电压幅度值比实际值大 10 倍或小 10 倍。

检查通道衰减系数是否与实际使用的探头衰减比例相符。

(4) 有波形显示，但不能稳定下来

① 检查触发面板的信源选择项是否与实际使用的信号通道相符。

② 检查触发类型：一般的信号应使用边沿触发方式，视频信号应使用视频触发方式。只有应用适合的触发方式，波形才能稳定显示。

③ 尝试改变耦合为高频抑制和低频抑制显示，以滤除干扰触发的高频或低频噪声。

(5) 按下 RUN/STOP 键无任何显示

检查触发面板（TRIGGER）的触发方式是否在普通或单次挡，且触发电平超出波形范围。如果是，将触发电平居中，或者设置触发方式为自动挡。另外，按自动设置 AUTO 按钮可自动完成以上设置。

(6) 选择打开平均采样方式时间后，显示速度变慢

正常。

(7) 波形显示呈阶梯状

① 此现象正常。可能水平时基挡位过低，增大水平时基以提

高水平分辨率，可以改善显示。

②可能显示类型为矢量，采样点间的连线，可能造成波形阶梯状显示。将显示类型设置为点显示方式，即可解决。

5.2 数字示波器的键钮分布与功能特点

5.2.1 数字示波器的按键分布

数字示波器 DS1000 如图 5-3 所示。

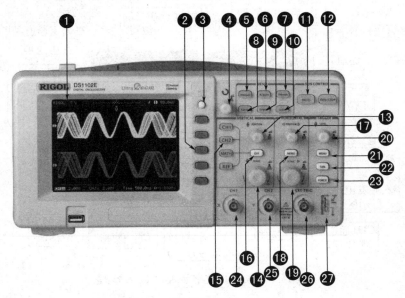

图 5-3 数字示波器 DS1000

5.2.2 前面板各按钮说明

(1) 液晶显示器部分

DS1000 系列数字示波器显示界面如图 5-4 所示，它主要包括波形显示区和状态显示区。液晶屏边框线以内，为波形显示区，用于显示信号波形、测量数据、水平位移、垂直位移和触发电平值

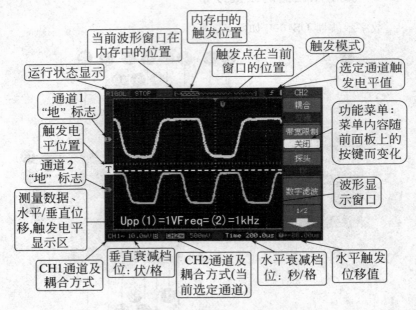

等。位移值和触发电平值在转动旋钮时显示，停止转动 5s 后消失。显示屏边框线以外为上、下、左 3 个状态显示区（栏）。下状态栏通道标志为黑底的是当前选定通道，操作示波器面板上的按键或旋钮只有对当前选定通道有效，按下通道按键则可选定被按通道。状态显示区显示的标志位置及数值随面板相应按键或旋钮的操作而变化。

内存中的触发位置

当前波形窗口在内存中的位置

触发点在当前窗口的位置

触发模式

运行状态显示

选定通道触发电平值

通道1"地"标志

功能菜单：菜单内容随前面板上的按键而变化

触发电平位置

通道2"地"标志

波形显示窗口

测量数据、水平/垂直位移，触发电平显示区

CH1通道及耦合方式

垂直衰减档位：伏/格

CH2通道及耦合方式(当前选定通道)

水平衰减档位：秒/格

水平触发位移值

图 5-4　DS1000 数字示波器显示界面

（2）功能菜单操作部分

❷ 功能菜单操作键：图 5-5 为 5 个功能菜单操作键，用于操作屏幕右侧的功能菜单及子菜单。

❸ 取消屏幕功能菜单按钮：图 5-6 用于取消屏幕上显示的功能菜单。

❹ 多功能旋钮：图 5-7 用于选择和确认功能菜单中下拉菜单的选项等。

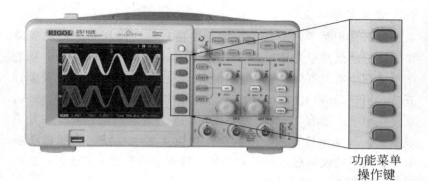

功能菜单
操作键

图 5-5　功能菜单操作键

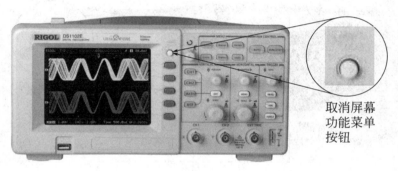

取消屏幕
功能菜单
按钮

图 5-6　取消屏幕功能菜单按钮

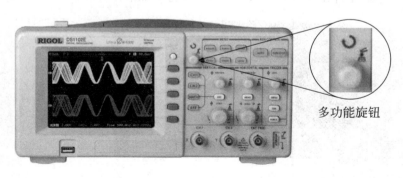

多功能旋钮

图 5-7　多功能旋钮

（3）常用菜单部分

按下常用菜单部分任一按键，屏幕右侧会出现相应的功能菜单。通过功能菜单操作区的 5 个按键可选定功能菜单的选项。功能菜单选项中有"◁"符号的，标明该选项有下拉菜单。下拉菜单打开后，可转动多功能旋钮（✇）选择相应的项目并按下予以确认。功能菜单上、下有"▲""▼"符号，表明功能菜单一页未显示完，可操作按键上、下翻页。功能菜单中有✇，表明该项参数可转动多功能旋钮进行设置调整。按下取消功能菜单按钮，显示屏上的功能菜单立即消失。

❺ 自动测量：图 5-8 用于自动测量波形及参数。

自动测量

图 5-8　自动测量

❻ 采样系统设置：图 5-9 用于设置系统采样时间。

采样系统设置

图 5-9　采样系统设置

❼ 存储和调出：图 5-10 用于存储和调出参数及设置等。

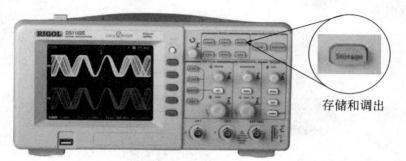

存储和调出

图 5-10 存储和调出

❽ 光标测量：按此按钮可以测量光标（图 5-11）。

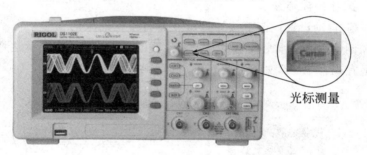

光标测量

图 5-11 光标测量

❾ 显示系统设置：按此按钮可以显示系统设置（图 5-12）。

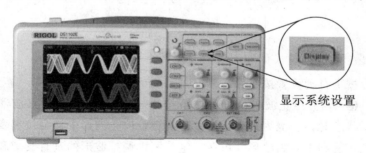

显示系统设置

图 5-12 显示系统设置

❿ 辅助系统设置：按此按钮可以设置系统的一些其他功能（图 5-13）。

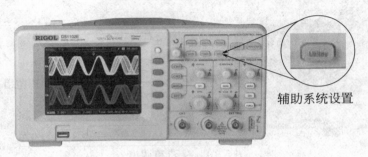

辅助系统设置

图 5-13　辅助系统设置

（4）执行按键部分

⓫ 自动设置：按下按钮，示波器将根据输入的信号，自动设置和调整垂直、水平及触发方式等各项控制值，使波形显示达到最佳适宜观察状态，如需要，还可进行手动调整（图 5-14）。

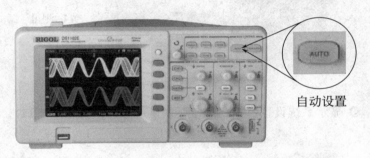

自动设置

图 5-14　自动设置

按下自动设置按钮后，菜单显示及功能如图 5-15 所示。

⓬ 运行/停止波形采样：按下按钮（图 5-16），运行（波形采样）状态时，按键为黄色；按一下按键，停止波形采样且按键变为红色，有利于绘制波形并可在一定范围内调整波形的垂直衰减和水平时基，再按一下，恢复波形采样状态。

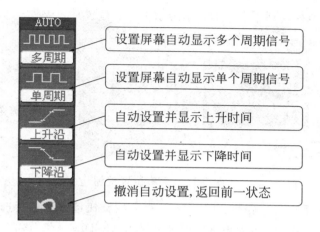

图 5-15 菜单显示功能图

多周期 —— 设置屏幕自动显示多个周期信号

单周期 —— 设置屏幕自动显示单个周期信号

上升沿 —— 自动设置并显示上升时间

下降沿 —— 自动设置并显示下降时间

↩ —— 撤消自动设置,返回前一状态

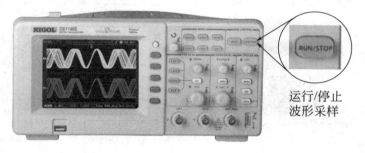

图 5-16 运行/停止波形采样

运行/停止
波形采样

注意

应用自动设置功能时,要求被测信号的频率大于或等于 50Hz,占空比大于 1%。

(5)垂直系统操作部分

⓭ 垂直位置旋钮:图 5-17 垂直位置旋钮可设置所选通道波形的垂直显示位置。转动该旋钮不但显示的波形会上下移动,且所选通道的"地"(GND)标识也会随波形上下移动并显示于屏幕左状态栏,移动值则显示于屏幕左下方;按下垂直位置旋钮,垂直显示

位置快速恢复到零点（即显示屏水平中心位置）处。

垂直位置旋钮

图 5-17　垂直位置旋钮

⓮ 垂直衰减旋钮：图 5-18 垂直衰减旋钮可以调整所选通道波形的显示幅度。转动该旋钮改变"VOLTS/DIV（伏/格）"垂直挡位，同时下状态栏对应通道显示的幅值也会发生变化。

垂直衰减旋钮

图 5-18　垂直衰减旋钮

⓯ 通道和方式选择按键：图 5-19 用来选择不同的通道和显示方式，按下任一按键，屏幕将显示其相应的功能菜单、标志、波形和挡位状态等信息。

⓰ OFF 键：图 5-20 用于关闭当前选择的通道。

（6）水平系统操作部分

⓱ 水平位置旋钮：图 5-21 水平位置旋钮调整信号波形在显示屏上的水平位置，转动该旋钮不但波形随旋钮而水平移动，且触发位移标志"T"也在显示屏上部随之移动，移动值则显示在屏幕左

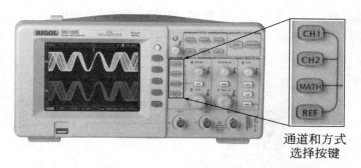

通道和方式
选择按键

图 5-19　通道和方式选择按键

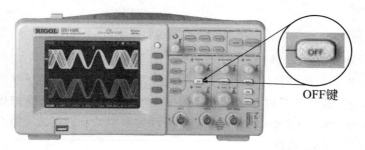

OFF键

图 5-20　OFF 键

水平位置旋钮

图 5-21　水平位置旋钮

下角；按下此旋钮触发位移恢复到水平零点（即显示屏垂直中心线位置）处。

⑱ 水平功能菜单：按水平功能菜单键（图 5-22），显示 TIME

功能菜单，在此菜单下，可开启/关闭延迟扫描，切换 Y（电压）-T（时间）、X（电压）-Y（电压）和 ROLL（滚动）模式，设置水平触发位移复位等。

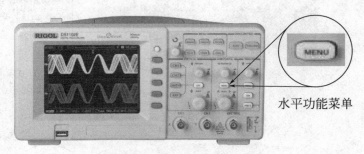

图 5-22　水平功能菜单

⑲ 水平衰减旋钮：图 5-23 水平衰减旋钮可以改变水平时基挡位设置，转动该旋钮改变"s/DIV（秒/格）"水平挡位，下状态栏 Time 后显示的主时基值也会发生相应的变化。水平扫描速度从 20ns～50s，以 1-2-5 的形式步进。按动水平衰减旋钮可快速打开或关闭延迟扫描功能。

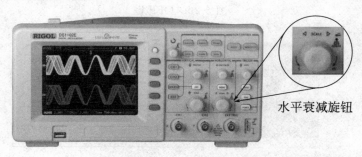

图 5-23　水平衰减旋钮

（7）触发系统操作部分

⑳ 触发电平调节旋钮（图 5-24）：转动触发电平调节旋钮，屏幕上会出现一条上下移动的水平黑色触发线及触发标志，且左下角和上状态栏最右端触发电平的数值也随之发生变化。停止转动旋

140

钮，触发线、触发标志及左下角触发电平的数值会在约 5s 后消失。按下旋钮触发电平快速恢复到零点。

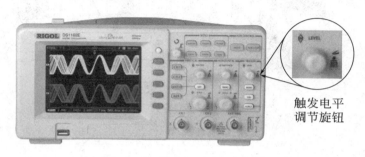

图 5-24　触发电平调节旋钮

触发电平
调节旋钮

❷① 触发功能菜单（图 5-25）：按此键可调出触发功能菜单，改变触发设置。

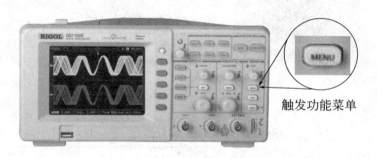

图 5-25　触发功能菜单

触发功能菜单

❷② 50％按钮（图 5-26）：按此键可以设定触发电平在触发信号幅值的垂直中点。

❷③ FORCE 键（图 5-27）：按 FORCE 键，强制产生一触发信号，主要用于触发方式中的"普通"和"单次"模式。

（8）信号输入/输出部分

❷④ 信号输入通道 1（图 5-28）：CH1 的信号输入端；在 X-Y 模式中，为 X 轴的信号输入端。

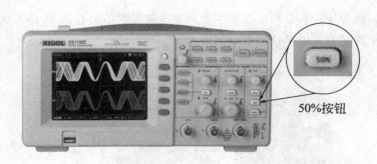

图 5-26　50％按钮

图 5-27　FORCE 键

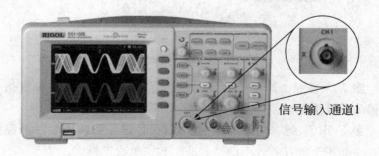

图 5-28　信号输入通道 1

㉕ 信号输入通道 2（图 5-29）：CH2 的信号输入端；在 X-Y 模式中，为 Y 轴的信号输入端。

信号输入通道2

图 5-29 信号输入通道 2

㉖ 外触发信号输入端（图 5-30）：EXT TREIG 可输入外部触发信号。

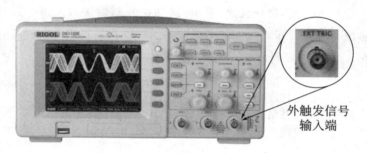

外触发信号
输入端

图 5-30 外触发信号输入端

㉗ 示波器校正信号输出端（图 5-31）：示波器校正信号输出端可以输出频率 1kHz、幅值 3V 的方波信号。

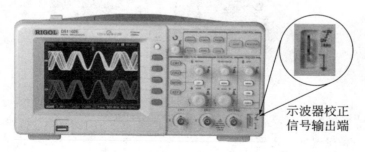

示波器校正
信号输出端

图 5-31 示波器校正信号输出端

数字示波器的使用方法

5.3.1 垂直系统的高级应用

(1) 通道设置

该示波器 CH1 和 CH2 通道的垂直菜单是独立的，每个项目都要按不同的通道进行单独设置，但 2 个通道功能菜单的项目及操作方法则完全相同。现以 CH1 通道为例予以说明。

① 设置通道耦合方式

假设被测信号是一个含有直流偏移的正弦信号，其设置方法是：按 CH1 →耦合→交流/直流/接地，分别设置为交流、直流和接地耦合方式，注意观察波形显示及下状态栏通道耦合方式符号的变化，如图 5-32 所示。

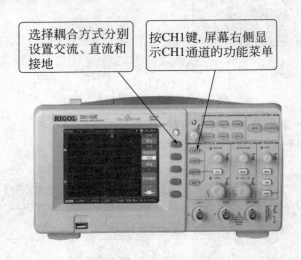

图 5-32　设置通道耦合方式

② 设置通道带宽限制

假设被测信号是一含有高频振荡的脉冲信号。其设置方法是：

按 $\boxed{\text{CH1}}$ →带宽限制→关闭/打开。分别设置带宽限制为关闭/打开状态。前者允许被测信号含有的高频分量通过，后者则阻隔大于 20MHz 的高频分量。注意观察波形显示及下状态栏垂直衰减挡位之后带宽限制符号的变化，如图 5-33 所示。

分别设置带宽限制为关闭/打开状态

按CH1键，屏幕右侧显示CH1通道的功能菜单

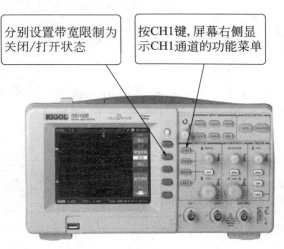

图 5-33　设置通道带宽限制

③ 调节探头比例

为了配合探头衰减系数，需要在通道功能菜单调整探头衰减比例。如探头衰减系数为 10∶1，示波器输入通道"探头"的比例也应设置成 10×，以免显示的挡位信息和测量的数据发生错误。探头衰减系数与通道"探头"菜单设置要求见表 5-2。

表 5-2　通道"探头"菜单设置

探头衰减系数	通道"探头"菜单设置
1∶1	1×
10∶1	10×
100∶1	100×
1000∶1	1000×

④ 垂直挡位调节设置

垂直灵敏度调节范围为2mV/DIV～5V/DIV。挡位调节分为粗调和微调两种模式。粗调以 2mV/DIV、5mV/DIV、10mV/DIV、20mV/DIV……5V/DIV 的步进方式调节垂直挡位灵敏度。微调指在当前垂直挡位下进一步细调。如果输入的波形幅度在当前挡位略大于满刻度，而应用下一挡位波形显示幅度稍低，可用微调改善波形显示幅度，以利于观察信号的细节。

⑤ 波形反相设置

波形反相关闭，显示正常被测信号波形；波形反相打开，显示的被测信号波形相对于地电位翻转 180°，如图 5-34 所示。

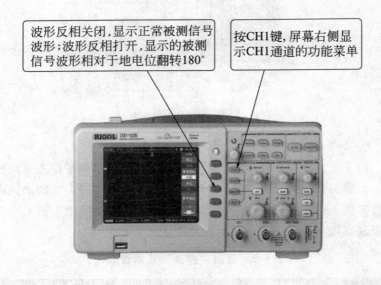

图 5-34　波形反相设置

⑥ 数字滤波设置

按"数字滤波"对应的 4 号功能菜单操作键，打开 Filter（数字滤波）子功能菜单，如图 5-35 所示。

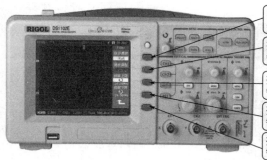

按"1"号功能菜单操作键打开或关闭数字滤波

按"2"号功能菜单操作键打开滤波类型下拉菜单

按"3"号功能菜单操作键选择频率上限

按"4"号功能菜单操作键选择频率下限

按"5"号功能菜单操作键返回上一级菜单

图 5-35 数字滤波子功能菜单

可选择滤波类型，见表 5-3；转动多功能旋钮（↻）可调节频率上限和下限；设置滤波器的带宽范围等。

表 5-3 数字滤波子菜单说明

功能菜单	设　定	说　明
数字滤波	关闭	关闭数字滤波器
	打开	打开数字滤波器
滤波类型	按MENU▲▼或MENU键,在功能菜单中选择通道设置 按MENU(菜单)键屏幕右边显示功能菜单 F1～F4 对应4个选项	设置为低通滤波器
	按MENU▲或MENU▼键,在功能菜单中选择通道设置 按MENU(菜单)键屏幕右边显示功能菜单 按F4键选择开启反相	设置为高通滤波器

续表

功能菜单	设　定	说　明
滤波类型	F1~F5 对应5个选项,进行不同设置 / 按MENU▲或MENU▼键,在功能菜单中选择通道设置 / 按MENU(菜单)键屏幕右边显示功能菜单	设置为带通滤波器
	F1边沿触发 / 按MENU▲或MENU▼键,在功能菜单中选择通道设置 / 按MENU(菜单)键屏幕右边显示功能菜单	设置为带阻滤波器
频率上限	 (上限频率)	转动多功能旋钮  按MENU▲或MENU▼键,在功能菜单中选择显示设置 / 按F4键选择开启频率计 / 按MENU(菜单)键屏幕右边显示功能菜单 / 设置频率上限

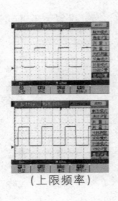

功能菜单	设 定	说 明
频率下限	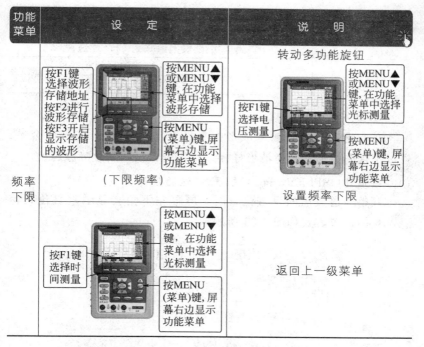按F1键选择波形存储地址 按F2进行波形存储 按F3开启显示存储的波形 按MENU▲或MENU▼键,在功能菜单中选择波形存储 按MENU(菜单)键,屏幕右边显示功能菜单 (下限频率)	转动多功能旋钮 按F1键选择电压测量 按MENU▲或MENU▼键,在功能菜单中选择光标测量 按MENU(菜单)键,屏幕右边显示功能菜单 设置频率下限
	按F1键选择时间测量 按MENU▲或MENU▼键,在功能菜单中选择光标测量 按MENU(菜单)键,屏幕右边显示功能菜单	返回上一级菜单

(2) 数学运算（MATH）按键

数学运算（MATH）功能菜单及说明见表 5-4。它可显示 CH1、CH2 通道波形相加、相减、相乘以及 FFT（傅里叶变换）运算的结果。数学运算结果同样可以通过栅格或光标进行测量。

表 5-4   MATH 功能菜单说明

功能菜单	设 定	说 明
操作	A + B	信源 A 与信源 B 相加
	A − B	信源 A 与信源 B 相减
	A × B	信源 A 与信源 B 相乘
	FFT	FFT(傅里叶)数学运算
信源 A	CH1	设置信源 A 为 CH1 通道波形
	CH2	设置信源 A 为 CH2 通道波形

续表

功能菜单	设　定	说　　明
信源 B	CH1	设置信源 B 为 CH1 通道波形
	CH2	设置信源 B 为 CH2 通道波形
反相	打开	打开数学运算波形反相功能
	关闭	关闭数学运算波形反相功能

（3）REF（参考）按键

在有电路工作点参考波形的条件下，通过 REF 按键的菜单，可以把被测波形和参考波形样板进行比较，以判断故障原因。

（4）垂直 POSITION 和 SCALE 旋钮的使用

调整通道波形的垂直位置时，屏幕左下角会显示垂直位置信息。具体调节方式如图 5-36 所示。

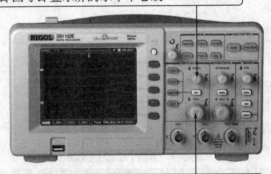

垂直POSITION旋钮调整所有通道(含MATH和REF)波形的垂直位置。该旋钮的解析度根据垂直挡位而变化，按下此旋钮选定通道的位移立即回零即显示屏的水平中心线

垂直SCALE旋钮调整所有通道(含MATH和REF)波形的垂直显示幅度。粗调以1-2-5步进方式确定垂直挡位灵敏度。顺时针增大显示幅度，逆时针减小显示幅度。细调是在当前挡位进一步调节波形的显示幅度。按动垂直SCALE按钮，可在粗调、微调间切换

图 5-36　垂直 POSITION 和 SCALE 旋钮的使用

5.3.2 水平系统的高级应用

① 水平 $\boxed{\text{POSITION}}$ 和 $\boxed{\text{SCALE}}$ 旋钮的使用，如图 5-37 所示。

转动水平POSITION旋钮,可调节通道波形的水平位置。按下此旋钮触发位置立即回到屏幕中心位置

转动水平SCALE旋钮,可调节主时基,即秒/格(s/DIV);当延迟扫描打开时,转动水平SCALE旋钮可改变延迟扫描时基以改变窗口宽度

图 5-37　水平 $\boxed{\text{POSITION}}$ 和 $\boxed{\text{SCALE}}$ 旋钮的使用

② 水平 $\boxed{\text{MENU}}$ 键。按下水平 $\boxed{\text{MENU}}$ 键，显示水平功能菜单，如图 5-38 所示。在 X-Y 方式下，自动测量模式、光标测量模式、REF 和 MATH、延迟扫描、矢量显示类型、水平 $\boxed{\text{POSITION}}$ 旋钮、触发控制等均不起作用。

延迟扫描用来放大某一段波形，以便观测波形的细节。在延迟扫描状态下，波形被分成上、下两个显示区，如图 5-39 所示。上半部分显示的是原波形，中间黑色覆盖区域是被水平扩展的波形部分。此区域可通过转动水平 $\boxed{\text{POSITION}}$ 旋钮左右移动或转动水平 $\boxed{\text{SCALE}}$ 旋钮扩大和缩小。下半部分是对上半部分选定区域波形的

打开:进入波形延迟扫描
关闭:关闭延迟扫描

Y-T方式显示:垂直Y轴表示电压,
水平X轴表示时间
X-Y方式显示:水平X轴显示通道1
的电压,垂直Y轴显示通道2的电压
Roll方式显示,波形从屏幕右侧到
左侧滚动更新

调整触发位置到中心零点

图 5-38 水平 MENU 键菜单及意义

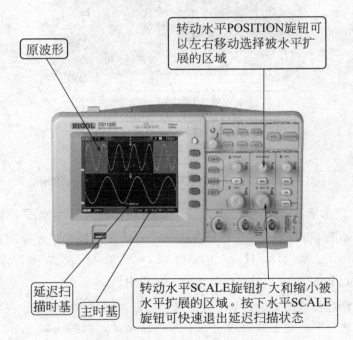

原波形

转动水平POSITION旋钮可
以左右移动选择被水平扩
展的区域

延迟扫
描时基

主时基

转动水平SCALE旋钮扩大和缩小被
水平扩展的区域。按下水平SCALE
旋钮可快速退出延迟扫描状态

图 5-39 延迟扫描波形图

水平扩展即放大。由于整个下半部分显示的波形对应于上半部分选
定的区域,因此转动水平 SCALE 旋钮减小选择区域可以提高延迟

时基，即提高波形的水平扩展倍数。可见，延迟时基相对于主时基提高了分辨率。

按下水平 SCALE 旋钮可快速退出延迟扫描状态。

5.3.3 触发系统的高级应用

触发控制区包括触发电平调节旋钮 LEVEL 、触发菜单按键 MENU 、 50% 按键和强制按键 FORCE ，具体功能介绍如图5-40所示。

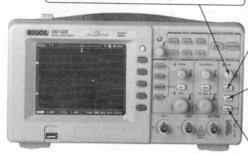

触发电平调节旋钮LEVEL：设定触发点对应的信号电压，按下此旋钮可使触发电平立即回零

MENU按键为触发系统菜单设置键。包含功能菜单、下拉菜单及子菜单

50%按键：按下触发电平设定在触发信号幅值的垂直中点

FORCE按键：按下强制产生一触发信号，主要用于触发方式中的"普通"和"单次"模式

图 5-40　触发控制区按钮功能介绍

下面对主要触发菜单予以说明，如图5-41所示。

按下功能键5后，屏幕上出现触发设置子菜单，具体功能如图5-42所示。

（1）触发模式

①边沿触发：指在输入信号边沿的触发阈值上触发。在选择"边沿触发"后，还应选择是在输入信号的上升沿、下降沿还是上升和下降沿触发。

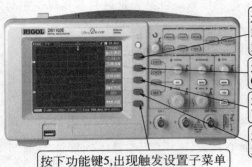

选择触发方式:边沿触发、脉宽触发、斜率触发、视频触发、交替触发

选择信号源:CH1、CH2、EXT、AC Line

选择边缘类型:上升沿、下降沿、上升或下降沿

选择触发方式:自动、普通、单次

按下功能键5,出现触发设置子菜单

图 5-41　触发系统 MEUN 菜单

选择耦合方式:交流、直流、低频抑制、高频抑制

按下功能键2,转动多功能旋钮,设置触发灵敏度

按下功能键3,转动多功能旋钮,设置触发释抑时间

触发释抑时间恢复为默认值100ns

返回上级触发MEUN功能菜单

图 5-42　触发系统 MEUN 子菜单

② 脉宽触发:指根据脉冲的宽度来确定触发时刻。当选择脉宽触发时。可以通过设定脉宽条件和脉冲宽度来捕捉异常脉冲。

③ 斜率触发:指把示波器设置为对指定时间的正斜率或负斜率触发。选择斜率触发时,还应设置斜率条件、斜率时间等,还可选择 LEVEL 钮调节 LEVELA、LEVELB 或同时调节 LEVELA 和 LEVELB。

④ 交替触发:在交替触发时,触发信号来自于两个垂直通道,此方式适用于同时观察两路不相关信号。在交替触发菜单中,可为

两个垂直通道选择不同的触发方式、触发类型等。在交替触发方式下，两通道的触发电平等信息会显示在屏幕右上角状态栏。

⑤ 视频触发：选择视频触发后，可在 NTSC、PAL 或 SE-CAM 标准视频信号的场或行上触发。视频触发时触发耦合应设置为直流。

（2）触发方式

① 自动：自动触发方式下，示波器即使没有检测到触发条件也能采样波形。示波器在一定等待时间（该时间由时基设置决定）内没有触发条件发生时，将进行强制触发。当强制触发无效时，示波器虽显示波形，但不能使波形同步，即显示的波形不稳定。当有效触发发生时，显示的波形将稳定。

② 普通：普通触发方式下，示波器只有当触发条件满足时才能采样到波形。在没有触发时，示波器将显示原有波形而等待触发。

③ 单次：在单次触发方式下，按一次"运行"按钮，示波器等待触发，当示波器检测到一次触发时，采样并显示一个波形，然后采样停止。

（3）触发设置

在 MEUN 功能菜单下，按 5 号键进入触发设置子菜单，可对与触发相关的选项进行设置。触发模式、触发方式、触发类型不同，可设置的触发选项也有所不同。此处不再赘述。

5.3.4 采样系统的高级应用

在常用 MENU 控制区按 Acquire 键，弹出采样系统功能菜单。其选项和设置方法如图 5-43 所示。

5.3.5 存储和调出功能的高级应用

在常用 MENU 控制区按 STORAGE 键，弹出存储和调出功能

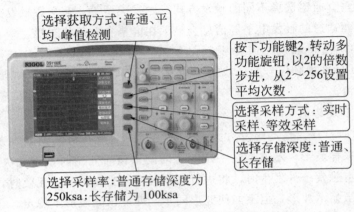

选择获取方式:普通、平均、峰值检测

按下功能键2,转动多功能旋钮,以2的倍数步进,从2~256设置平均次数

选择采样方式:实时采样、等效采样

选择存储深度:普通、长存储

选择采样率:普通存储深度为250ksa;长存储为100ksa

图 5-43　采样系统功能菜单

菜单,如图 5-44 所示。通过该菜单及相应的下拉菜单和子菜单可对示波器内部存储区和 USB 存储设备上的波形和设置文件等进行保存、调出、删除操作,操作的文件名称支持中、英文输入。

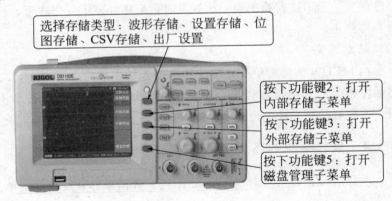

选择存储类型:波形存储、设置存储、位图存储、CSV存储、出厂设置

按下功能键2:打开内部存储子菜单

按下功能键3:打开外部存储子菜单

按下功能键5:打开磁盘管理子菜单

图 5-44　存储与调出功能菜单

存储类型选择"波形存储"时,其文件格式为 wfm,只能在示波器中打开;存储类型选择"位图存储"和"CSV 存储"时,还可以选择是否以同一文件名保存示波器参数文件(文本文件),

"位图存储"文件格式是 bmp，可用图片软件在计算机中打开，"CSV 存储"文件为表格，Excel 可打开，并可用其"图表导向"工具转换成需要的图形。

"外部存储"只有在 USB 存储设备插入时，才能被激活进行存储文件的各种操作。

5.3.6 辅助系统功能的高级应用

常用 MENU 控制区的 $\boxed{\text{UTILITY}}$ 为辅助系统功能按键。在 $\boxed{\text{UTILITY}}$ 按键弹出的功能菜单中，可以进行接口设置、打印设置、屏幕保护设置等，可以打开或关闭示波器按键声、频率计等，可以选择显示的语言文字、波特率值等，还可以进行波形的录制与回放等。

5.3.7 显示系统的高级应用

在常用 MENU 控制区按 $\boxed{\text{DISPLAY}}$ 键，弹出显示系统功能菜单。通过功能菜单控制区的 5 个按键及多功能旋钮↻可设置调整显示系统，共有两页功能菜单，第一页如图 5-45 所示。

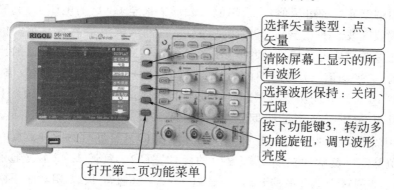

图 5-45　显示系统功能菜单及设置选择

显示系统功能子菜单及设置选择，如图 5-46 所示。

返回第一页功能菜单

选择屏幕网络：打开背景网络及坐标、关闭背景网络、关闭背景网络及坐标

按下功能键3，转动多功能旋钮，调节网络亮度

选择菜单保持：1s、2s、5s、10s、20s、无限

选择屏幕样式：普通(白底黑线)、反相(黑底白线)

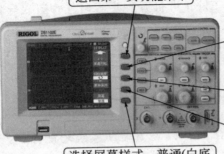

图 5-46　显示系统功能子菜单及设置选择

5.3.8　自动测量功能的高级应用

在常用 MENU 控制区按 $\boxed{\text{MEASURE}}$ （自动测量）键，弹出自动测量功能菜单，如图 5-47 所示。其中电压测量参数有：峰峰值（波形最高点至最低点的电压值）、最大值（波形最高点至 GND 的电压值）、最小值（波形最低点至 GND 的电压值）、幅值（波形顶端至底端的电压值）、顶端值（波形平顶至 GND 的电压值）、底端值（波形平底至 GND 的电压值）、过冲（波形最高点与顶端值之差与幅值的比值）、预冲（波形最低点与底端值之差与幅值的比值）、平均值（1 个周期内信号的平均幅值）、均方根值（有效值）共 10 种；时间测量有频率、周期、上升时间（波形幅度从 10%上升至 90%所经历的时间）、下降时间（波形幅度从 90%下降至 10%所经历的时间）、正脉宽（正脉冲在 50%幅度时的脉冲宽度）、负脉宽（负脉冲在 50%幅度时的脉冲宽度）、延迟 1→2↑（通道 1、2 相对于上升沿的延时）、延迟 1→2↓（通道 1、2 相对于下降沿的延时）、正占空比（正脉宽与周期的比值）、负占空比（负脉宽与周期的比值）共 10 种，如图 5-47 所示。

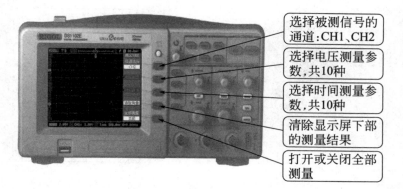

选择被测信号的
通道:CH1、CH2

选择电压测量参
数,共10种

选择时间测量参
数,共10种

清除显示屏下部
的测量结果

打开或关闭全部
测量

图 5-47　自动测量功能菜单

自动测量操作方法如下。

① 选择被测信号通道:根据信号输入通道不同,选择 CH1 或 CH2。按键顺序为: MEASURE →信源选择→CH1 或 CH2。

② 获得全部测量数值:按键顺序为: MEASURE →信源选择→CH1 或 CH2→ "5 号"菜单操作键,设置"全部测量"为打开状态。18 种测量参数值显示于屏幕下方。

③ 选择参数测量:按键顺序为: MEASURE →信源选择→CH1 或 CH2→ "2 号"或"3 号"菜单操作键选择测量类型,转 ○旋钮查找下拉菜单中感兴趣的参数并按下○旋钮予以确认,所选参数的测量结果将显示在屏幕下方。

④ 清除测量数值:在 MEASURE 菜单下,按 4 号功能菜单操作键选择清除测量。此时,屏幕下方所有测量值即消失。

5.3.9　光标测量功能的高级应用

按下常用 MENU 控制区 CURSOR 键,弹出光标测量功能菜单如图 5-48 所示。光标测量有手动、追踪和自动测量三种模式。

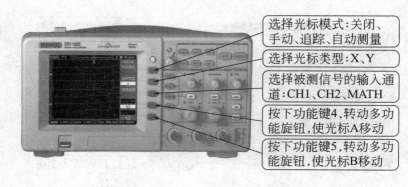

选择光标模式:关闭、手动、追踪、自动测量

选择光标类型:X、Y

选择被测信号的输入通道:CH1、CH2、MATH

按下功能键4,转动多功能旋钮,使光标A移动

按下功能键5,转动多功能旋钮,使光标B移动

图 5-48　光标测量功能菜单

① 手动模式:光标 X 或 Y 成对出现,并可手动调整两个光标间的距离,显示的读数即为测量的电压值或时间值,如图 5-49 和图 5-50 所示。

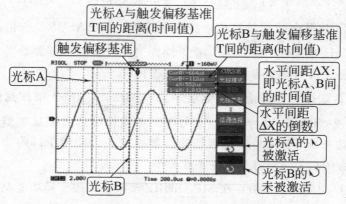

光标A与触发偏移基准T间的距离(时间值)

光标B与触发偏移基准T间的距离(时间值)

触发偏移基准

光标A

水平间距ΔX:即光标A、B间的时间值

水平间距ΔX的倒数

光标A的↻被激活

光标B的↻未被激活

光标B

图 5-49　手动模式测量显示图（光标类型 X）

② 追踪模式:水平与垂直光标交叉构成十字光标,十字光标自动定位在波形上,转动多功能旋钮↻,光标自动在波形上定位,并在屏幕右上角显示当前定位点的水平、垂直坐标和两个光标间的水平、垂直增量。其中,水平坐标以时间值显示,垂直坐标以电压值显示,如图 5-51 所示。光标 A、B 可分别设定给 CH1、CH2 两

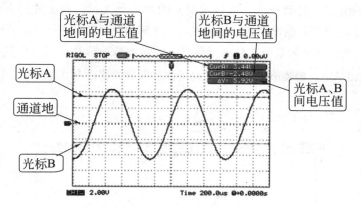

光标A与通道地间的电压值

光标B与通道地间的电压值

光标A

通道地

光标B

光标A、B间电压值

图 5-50　手动模式测量显示图（光标类型 Y）

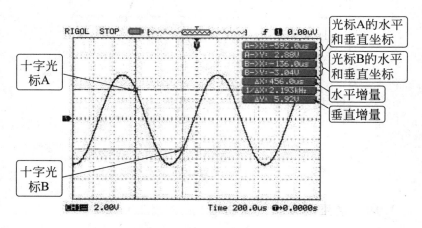

光标A的水平和垂直坐标

光标B的水平和垂直坐标

十字光标A

水平增量

垂直增量

十字光标B

图 5-51　光标追踪测量模式显示图

个不同通道的信号，也可设定给同一通道的信号，此外光标 A、B 也可选择无光标显示。

　　在手动和追踪光标模式下，要转动◡移动光标，必须按下功能菜单项目对应的按键激活◡，使◡底色变白，才能左右或上下移动激活的光标。

　　③ 自动测量模式：在自动测量模式下，屏幕上会自动显示对

应的电压或时间光标，以揭示测量的物理意义，同时系统还会根据信号的变化，自动调整光标位置，并计算相应的参数值。如图 5-52 所示。光标自动测量模式显示当前自动测量参数所应用的光标。若没有在 MEASURE 菜单下选择任何自动测量参数，将没有光标显示。

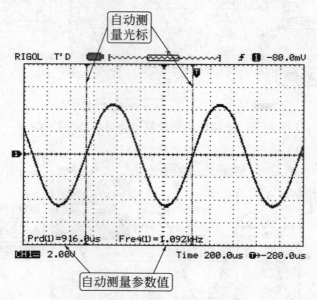

图 5-52　周期、频率自动测量光标显示图

5.3.10　使用要领和注意事项

（1）信号接入方法

以 CH1 通道为例介绍信号接入方法。

① 将探头上的开关设定为 10×，将探头连接器上的插槽对准 CH1 插口并插入，然后向右旋转拧紧。

② 设定示波器探头衰减系数。探头衰减系数改变仪器的垂直挡位比例，因而直接关系测量结果的正确与否。默认的探头衰减系数为 1×，设定时必须使探头上的黄色开关的设定值与输入通道

"探头"菜单的衰减系数一致。衰减系数设置方法是：按$\boxed{\text{CH1}}$键，显示通道 1 的功能菜单，如图 5-53 所示。按下与"探头"项目平行的 3 号功能菜单操作键，转动⌒选择与探头同比例的衰减系数并按下⌒予以确认。此时应选择并设定为 10×。

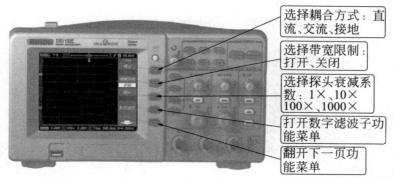

选择耦合方式：直流、交流、接地

选择带宽限制：打开、关闭

选择探头衰减系数：1×、10×、100×、1000×

打开数字滤波子功能菜单

翻开下一页功能菜单

图 5-53　显示通道 1 的功能子菜单

③ 把探头端部和接地夹接到函数信号发生器或示波器校正信号输出端。按$\boxed{\text{AUTO}}$（自动设置）键，几秒钟后，在波形显示区即可看到输入函数信号或示波器校正信号的波形（图 5-54）。

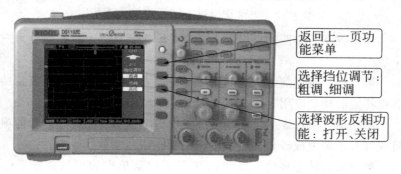

返回上一页功能菜单

选择挡位调节：粗调、细调

选择波形反相功能：打开、关闭

图 5-54　信号的波形

（2）示波器的所有操作只对当前选定（打开）通道有效。具体操作如图 5-55 所示。

为了加速调整,便于测量,当被测信号接入通道时,可直接按AUTO键以便立即获得合适的波形显示和挡位设置等

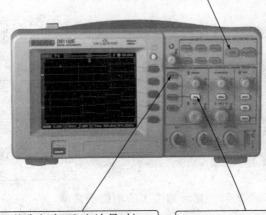

通道选定(打开)方法是:按CH1或CH2即可选定(打开)相应通道,并且下状态栏的通道标志变为黑底

关闭通道的方法是:按OFF键或再次按下通道按钮当前选定通道即被关闭

图 5-55　示波器测量不同通道波形方法

(3) 数字示波器的操作方法类似于操作计算机,其操作分为三个层次。

第一层:按下前面板上的功能键即进入不同的功能菜单或直接获得特定的功能应用。

第二层:通过 5 个功能菜单操作键选定屏幕右侧对应的功能项目或打开子菜单或转动多功能旋钮〜调整项目参数。

第三层:转动多功能旋钮〜选择下拉菜单中的项目并按下〜对所选项目予以确认。

(4) 使用时应熟悉并通过观察上、下、左状态栏来确定示波器设置的变化和状态。

第6章

数字荧光示波器 TD3000B的使用

数字荧光示波器是一种广泛应用于各种的场合的示波器，本章我们主要以 TDS3000B 为例，介绍数字荧光示波器的使用。

6.1 数字荧光示波器 TDS3000B 介绍

数字荧光示波器 TDS3000B（如图 6-1 所示）是一种先进的 DP0（数字荧光示波器），可以将它应用于：维修、测试、包含嵌入式的设计系统、计算和通信系统等场合。

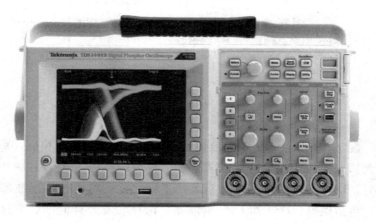

图 6-1　数字荧光示波器 TDS3000B

（1）数字荧光示波器的工作原理及结构

① 数字荧光示波器的工作原理

数字荧光示波器（DP0）为示波器系列增加了一种新的类型。

DP0 的体系结构使之能提供独特的捕获和显示能力，加速重构信号。DS0 使用串行处理的体系结构来捕获、显示和分析信号；相对而言，DP0 为完成这些功能采纳的是并行的体系结构，如图 6-2 所示。DP0 采用 ASIC 硬件构架捕获波形图像，提供高速率的波形采集率，信号的可视化程度很高。它增加了证明数字系统中的瞬态事件的可能性。随后将对该并行处理体系结构进行阐述。

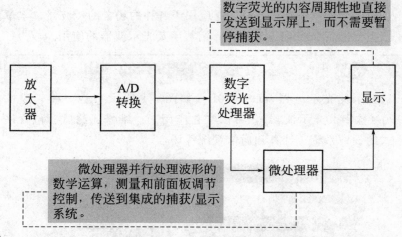

图 6-2　数字荧光示波器的并行处理体系

② 并行处理体系结构

数字荧光示波器的第一阶段（输入）与模拟示波器相似（垂直放大），第二阶段与数字示波器相似（模数转换）。但是，在模数转换后，DP0 与这些示波器有显著的不同之处。对所有的示波器而言，包括模拟、DS0 和 DP0 示波器，都存在着释抑时间。在这段时间内，仪器处理最近捕获的数据，重置系统，等待下一触发事件的发生。在这段时间内，示波器对所有信号都是视而不见的。随着释抑时间的增加，对查看到低频度和低重复事件的可能性就会降低。

TDS3000B 的工作原理如图 6-3 所示，被测信号❶接到"Y"

输入端，经 Y 轴衰减器适当衰减后送至 Y1 放大器（前置放大），推挽输出信号**❷**和**❸**。经延迟 T1 时间，到 Y2 放大器。放大后产生足够大的信号**❹**和**❺**，加到示波管的 Y 轴偏转板上。为了在屏幕上显示出完整的稳定波形，将 Y 轴的被测信号**❸**引入 X 轴系统的触发电路，在引入信号的正（或者负）极性的某一电平值产生触发脉冲**❻**，启动锯齿波扫描电路（时基发生器），产生扫描电压**❼**。由于从触发到启动扫描有一时间延迟 T2，为保证 Y 轴信号到达荧光屏之前 X 轴开始扫描，Y 轴的延迟时间 T1 应稍大于 X 轴的延迟时间 T2。扫描电压**❼**经 X 轴放大器放大，产生推挽输出**❾**和**❿**，加到示波管的 X 轴偏转板上。Z 轴系统用于放大扫描电压正程，并且变成正向矩形波，送到示波管栅极。这使得在扫描正程显示的波形有某一固定辉度，而在扫描回程进行抹迹。

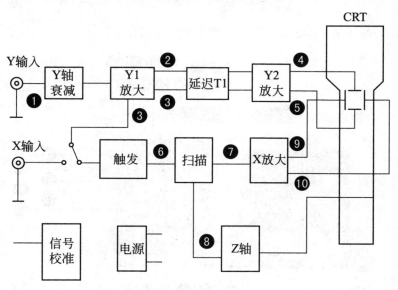

图 6-3　TDS3000B 的工作原理图

（2）数字荧光示波器的特点

① 取样速率快　TDS3000B 系列示波器全部通道同时工作时，

取样速率的范围从 1.25GS/s 到 5GS/s。

② 显示屏功能增强　TDS3000B 示波器具有一台彩色 LCD 显示屏，可以在同一时刻以不同的颜色显示 4 个通道。

③ 简便易用功能　前面板 USB 主机端口，可以简便地储存和传送测量数据。

④ 功能强大　标配 FFT、多语言用户界面、WaveAlert 异常自动检测、TekProbe 接口支持有源探头、差分探头和电流探头，自动定位和确定单位。

⑤ 便携式设计　容易携带，选用内置电池，在没有供电电源的情况下最长可以工作三个小时。

数字荧光示波器的键钮分布与功能特点

数字荧光示波器 TDS3000B 如图 6-4 所示。

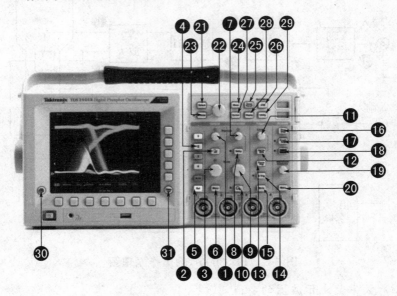

图 6-4　数字荧光示波器 TDS3000B

❶ VERTICAL POSITION（垂直位置）：图 6-5 为示波器的 VERTICALPOSITION（垂直位置）旋钮，此旋钮允许对显示在示波器显示屏上的波形的垂直位置进行上下调节。当改变波形垂直位置的时候，位于选中波形左边的扩展参考箭头的位置也随之改变。

垂直旋钮

图 6-5　VERTICAL POSITION 旋钮

❷ OFF 按钮：图 6-6 为示波器的 OFF 按钮，此按钮可以从示波器显示屏上消除一个选中的波形。要消除一个波形，可以通过按适当的通道选择按钮来选择波形，然后按波形 OFF 按钮。

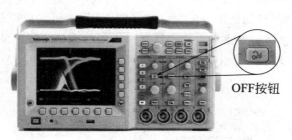

OFF按钮

图 6-6　OFF 按钮

❸ VERTICAL SCALE（垂直刻度）旋钮：图 6-7 为示波器的 VERTICALSCALE（垂直刻度）旋钮，用来调节选中显示波形的纵坐标。典型情况下，垂直电压刻度是用电压/刻度来衡量的。

❹ 通道选择（CH1、CH2、CH3 和 CH4）按钮：图 6-8 为示波器的通道选择（CH1、CH2、CH3 和 CH4）按钮，允许选择并

显示一个波形。

垂直刻度

图 6-7　VERTICAL SCALE 旋钮

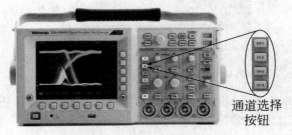

通道选择
按钮

图 6-8　通道选择按钮

❺ REF 按钮：图 6-9 为示波器的 REF 按钮，可以按 REF 按钮来显示参考波形菜单。接着按屏幕底部的菜单按钮来显示参考波形。REF 菜单同时也可以用来将活动的波形保存到参考波形存储器中。

REF按钮

图 6-9　REF 按钮

❻ MATH 菜单按钮：图 6-10 为示波器的 MATH 菜单按钮，

允许对显示波形执行各种数学运算，如加减运算。

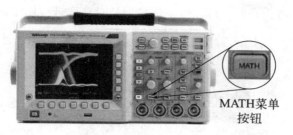

图 6-10　MATH 菜单按钮

❼ HORIZONTAL POSITION（水平位置）旋钮：图 6-11 为示波器的 HORIZONTAL POSITION（水平位置）旋钮，允许调节波形水平位置，也可以使用该旋钮来移动显示波形的触发位置，能将显示波形移动到全预触发、全后触发，或两者之间的任何位置上。水平伸缩点为采集过程中选中的触发位置，它由屏幕上的下箭头 "down arrow" 符号来指示。

图 6-11　水平位置旋钮

❽ DELAY（延迟）按钮：图 6-12 为示波器的 DELAY（延迟）按钮，允许对触发事件进行延迟采集。DELAY 按钮旁边的指示灯指示延迟是否打开。当延迟为开时，水平伸缩点处于显示屏的中央，与此同时，触发点可能离开显示屏。

❾ HORIZONTAL SCALE（水平刻度）旋钮：图 6-13 为示波器的 HORIZONTAL SCALE（水平刻度）旋钮，允许调节显示

波形的时基。当延时关闭时，可以围绕触发点对刻度进行伸缩调节。当延时为开时，可以围绕屏幕中心对刻度进行伸缩调节。

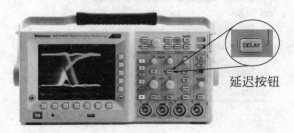

延迟按钮

图 6-12 延迟按钮

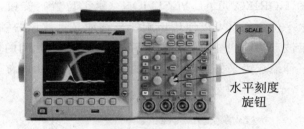

水平刻度旋钮

图 6-13 水平刻度旋钮

❿ zoom 按钮：图 6-14 为示波器的 zoom 按钮，用以沿着显示屏的水平轴对显示波形进行放大。zoom 按钮旁边的指示灯指示缩放为开或关。使用 HORIZONTAL SCALE（水平刻度）旋钮来调节放大率，使用 HORIZONTAL POSITION（水平位置）旋钮来选择想放大的部分波形。

⓫ TRIGGER LEVEL（触发电平）旋钮：图 6-15 为示波器的 TRIGGER LEVEL（触发电平）旋钮，允许调节显示波形的触发电平。当改变此触发电平的时候，示波器显示屏上会临时出现一条水平线。该水平线指示了触发电平。

⓬ SET TO50%（设为 50%）按钮：图 6-16 为示波器的 SET TO 50%（设为 50%）按钮，可将源触发波形的触发电平设定为

峰-峰值的 50%。

图 6-14   zoom 按钮

图 6-15   触发电平旋钮

图 6-16   设为 50% 按钮

⓭ FORCE TRIG（强制触发）按钮：图 6-17 为示波器的 FORCE TRIG（强制触发）按钮，可强制出现一次触发事件。即使在没有输入信号的情况下，也可以使用该按钮来强制一次触发。当使用正常 Normal（在触发菜单，Mode & Holdoff 模式及释抑中选择）或 SINGLE SEQ（单次，在前面板上选择）触发模式的时

候，此项功能是相当有用的。

图 6-17　强制触发按钮

⑭ B TRIG 按钮：图 6-18 为示波器的 B TRIG 按钮，用以激活除现有 A 触发器之外的第二个 B 触发器。B TRIG 按钮旁边的一个指示灯指示 B 触发器是否被激活。

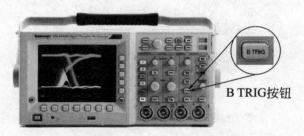

图 6-18　B TRIG 按钮

⑮ MENU 按钮：图 6-19 为示波器的 MENU 按钮，用以激活触发区域基于菜单的控制功能。

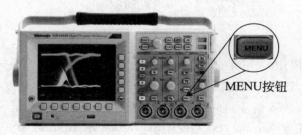

图 6-19　MENU 按钮

⓰ RUN/STOP 按钮：图 6-20 为示波器的 RUN/STOP 按钮，允许通过示波器开始和停止波形采集。

运行/停止
按钮

图 6-20　运行/停止按钮

⓱ SINGLE SEQ 按钮：图 6-21 为示波器的 SINGLE SEQ 按钮，用以启动信号的单序列采集。SINGLE SEQ 按钮旁边的指示灯指示是否允许单次发生采集。当按 SINGLE SEQ 按钮时，示波器将触发模式设置为接受一次有效触发，同时将 SINGLE SEQ 按钮的指示灯接通。在 TRIGGER（触发）区域，可以借助 FORCE TRIG 按钮强制触发。也可以借助 RUN/STOP 按钮禁止 SINGLE SEQ 模式。

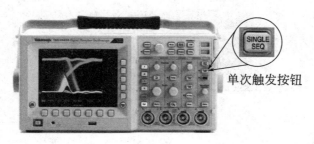

单次触发按钮

图 6-21　单次触发按钮

⓲ AUTOSET 按钮：图 6-22 为示波器的 AUTOSET 按钮，可自动地调节示波器的 VERTICAL（垂直）、HORIZONTAL（水平）和 TRIGGER（触发）控件，以便用于显示其可用性。同时也可以手动调节这些控件来优化显示。当自动设置初始化时，AU-

TOSET 按钮旁边的指示灯会临时发出指示信号。

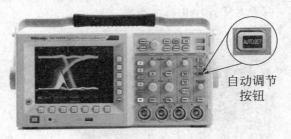

图 6-22　自动调节按钮

⑲ WAVEFORM INTENSITY 旋钮：图 6-23 为示波器的 WAVEFORM INTENSITY 旋钮，允许对显示波形的亮度进行调节。这一功能不仅能使获得波形的模拟示波器图像，而且还能获得数字示波器图像。利用平均波形亮度来获得时变信号的模拟示波器图像，其中的时变信号包括调制。利用最大波形亮度来得到该波形的数字示波器图像。

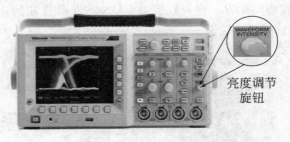

图 6-23　亮度调节旋钮

⑳ 激活按钮：图 6-24 为示波器的激活按钮，可激活 ACQUIRE（获取）区域基于菜单的控制功能。

㉑ SELECT 按钮：图 6-25 为示波器的 SELECT 按钮，允许在显示屏上的两个光标之间移动。

㉒ 通用旋钮：图 6-26 为示波器的通用旋钮，允许执行不同的功能，如对示波器显示屏上的光标进行定位，为某个菜单项设置数

激活按钮

图 6-24　激活按钮

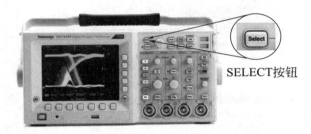

SELECT按钮

图 6-25　SELECT 按钮

通用旋钮

图 6-26　通用旋钮

值等。

㉓ COARSE 按钮：图 6-27 为示波器的 COARSE 按钮，允许通过使用通用旋钮，以大的增量进行调节。

㉔ MEASURE 菜单功能按钮：图 6-28 为示波器的 MEAS-URE 菜单功能按钮，允许对波形进行预定义的自动测量。

㉕ SAVE/RECALL 按钮：图 6-29 为示波器的 SAVE/RE-CALL 按钮，使用 SAVE/RECALL 菜单功能来保存和调用示波器的设定值，或者将波形保存到固定存储单元或软盘上。也可以使用 SAVE/RECALL 菜单功能控件来调用默认的出厂设置。

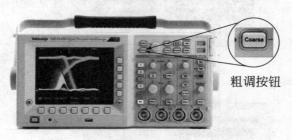

粗调按钮

图 6-27　粗调按钮

测量菜单
功能按钮

图 6-28　测量菜单功能按钮

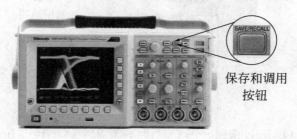

保存和调用
按钮

图 6-29　保存和调用按钮

㉖ 快捷菜单按钮：图 6-30 为示波器的快捷菜单按钮，使用 QUICKMENU 控件来访问特殊菜单，这些特殊菜单提供了个别

菜单中的关键功能。显示屏是一个标准的快捷菜单，可以通过它来控制 TDS3000B 示波器的基本功能。可以借助显示屏快捷菜单，在每个区域执行更为频繁的常用功能。对每个区域来说，可以不必通过前面板访问常规的菜单系统，但通过快捷菜单却能做到。

快捷菜单按钮

图 6-30　快捷菜单按钮

❷❼ 游标菜单按钮：图 6-31 为示波器的游标菜单按钮，使用 CURSOR 控件来对显示波形的振幅和时间进行测量。对于波形的振幅和时间测量来说，也可以使用 CURSOR 菜单来指定其测量单位。

游标菜单按钮

图 6-31　游标菜单按钮

❷❽ 菜单显示按钮：图 6-32 为示波器的菜单显示按钮，使用 DISPLAY 菜单来控制余辉、显示形式和显示对比度。

❷❾ 设置菜单按钮：图 6-33 为示波器的设置菜单按钮，使用 UTILITY 菜单功能控件来访问示波器安装的实用功能，如选择显

示语言、设置系统日期和时间、设置硬拷贝和通信端口，以及运行内部诊断程序。

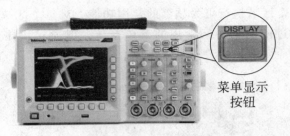

菜单显示
按钮

图 6-32　菜单显示按钮

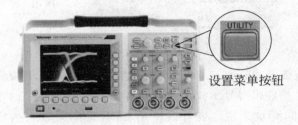

设置菜单按钮

图 6-33　设置菜单按钮

⑩ MENU OFF 按钮：图 6-34 为示波器的 MENU OFF 按钮，从示波器显示屏上消除菜单。

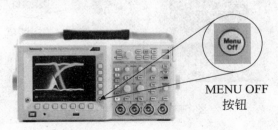

MENU OFF
按钮

图 6-34　MENU OFF 按钮

⑪ Hard copy 按钮：图 6-35 为示波器的 Hardcopy 按钮，通过实用菜单中的选中端口，打印显示波形的硬拷贝。

硬拷贝按钮

图 6-35　硬拷贝按钮

6.3　数字荧光示波器的测量与使用方法

6.3.1　预先功能检查

对 TDS3000 示波器（图 6-36）实施下列功能检查程序，来验证它是否正确地工作。

① 使用适当的电源线和适配器将 TDS3000 示波器接到一个 AC 电源上。

② 在示波器前面板的左下角，按 ON/STANDBY 按钮，等到显示屏表明示波器已经通过所有自检为止。

③ 在前面板的顶端，按 SAVE/RECALL 菜单按钮。

④ 按显示屏底部合适的菜单按钮，选择（恢复工厂设置）Recall Factory Setup。

图 6-36　TDS3000 示波器

⑤ 按显示屏侧面合适的菜单按钮，选择 OK Confirm Factory Init（恢复工厂设置）。

⑥ 在 VERTICAL（垂直）区域，按 MENU 按钮激活通道 1 的菜单。

⑦ 将 P6139A 无源电压衰减探头接到 CH1 输入端子上。

⑧ 分别将 CH1 探头触点和地线接到 PROBE COMP（探头补偿）和地接线柱上。

⑨ 在 ACQUIRE（获取）区域，按 AUTOSET（自动设置）按钮。

应该可以看到类似于图 6-37 所示的波形。

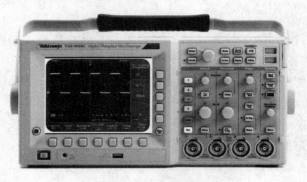

图 6-37　AC 电源波形

6.3.2　激活各区域菜单功能

（1）激活 VERTICAL（垂直）区域

要激活 VERTICAL（垂直）基于菜单的功能，请遵循下列步骤。

① 在 VERTICAL（垂直）区域，按 CH1 按钮。如图 6-38 所示。

② 在 VERTICAL（垂直）区域，按 MENU 按钮。

图 6-39 示意了通道 1 菜单，该菜单位于显示屏底部。

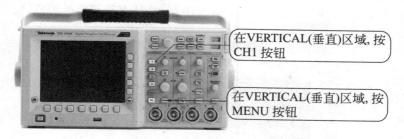

图 6-38　激活 VERTICAL（垂直）区域的方法

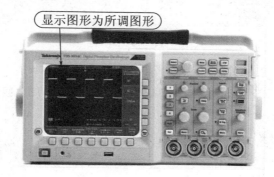

图 6-39　通道 1 菜单

（2）激活 MATH 菜单功能

要激活 MATH 菜单功能，请执行如下步骤。

在 VERTICAL（垂直）区域，按 MATH 按钮。在显示屏的底部，MATH 菜单被激活，如图 6-40 所示。

图 6-40　激活 MATH 菜单

图 6-41 示意了 TDS3000 示波器 MATH 基于菜单的控件。

图 6-41　菜单控件

（3）激活 TRIGGER（触发）区域

要在 TRIGGER（触发）区域激活基于菜单的控制功能，请遵循下列步骤。

① 在 TRIGGER（触发）区域，按 MENU 按钮。

② 在 TRIGGER（触发）区域，按 B TRIG 按钮，直到绿色的指示灯熄灭为止。

③ 按显示屏底部合适的菜单按钮，选择 Source（触发源），如图 6-42 所示。

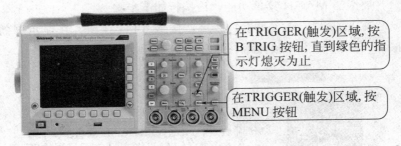

在TRIGGER(触发)区域,按 B TRIG 按钮,直到绿色的指示灯熄灭为止

在TRIGGER(触发)区域,按 MENU 按钮

图 6-42　触发源

图 6-43 示意了在 TRIGGER（触发）区域基于菜单的控制功能。

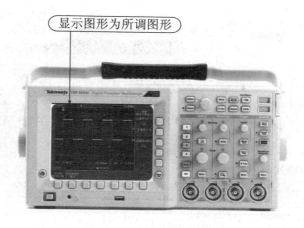

图 6-43 菜单控制功能

（4）激活 ACQUIRE（获取）区域

激活 ACQUIRE（获取）区域基于菜单的控制功能，请遵循下列步骤：

在 ACQUIRE（获取）区域，按 MENU 按钮，如图 6-44 所示。

图 6-44 激活 ACQUIRE 区域

如图 6-45 所示，ACQUIRE（获取）菜单在显示屏的底部被激活。具体说明见表 6-1。

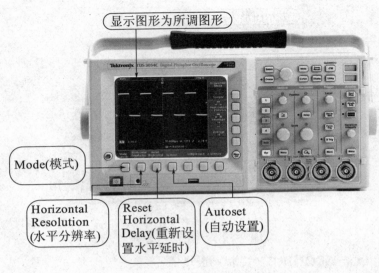

显示图形为所调图形

Mode(模式)

Horizontal Resolution (水平分辨率)

Reset Horizontal Delay(重新设置水平延时)

Autoset (自动设置)

图 6-45　ACQUIRE 区域

表 6-1　菜单选项说明

名　　称	功　　能
Mode	使用该选项从取样、峰值检波、包络和平均值中选择采集模式
Horizontal Resolution	使用该选项在快触发(500 点)和标(10000 点)采集之间做出选择,它们分别针对采集快速变化的信号或稳定信号
Reset Horizontal Delay	使用该选项将水平延时设为 0
Autoset	使用该选项来执行和反转自动设置功能

(5) **激活 MEASURE（测量）菜单功能**

要激活 MEASURE（测量）菜单功能选择，执行以下步骤：

在前面板的顶部，按 MEASURE 菜单按钮如图 6-46 所示。

如图 6-47 所示，MEASURE（测量）菜单在显示屏的底部被激活。具体说明见表 6-2。

在前面板的顶部，按MEASURE 菜单按钮

图 6-46　菜单功能选择

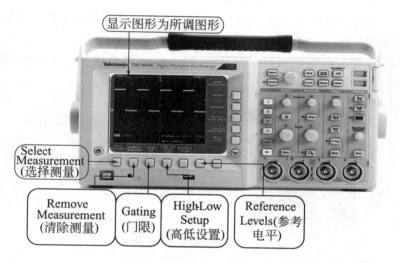

显示图形为所调图形

Select Measurement（选择测量）

Remove Measurement（清除测量）　Gating（门限）　High-Low Setup（高低设置）　Reference Levels（参考电平）

图 6-47　激活 MEASURE 菜单

表 6-2　菜单选项说明

名　　称	功　　能
Select Measurement（选择测量）	如果想进行诸如振幅、频率、负宽度或上升时间的测量，那么，使用该选项选择自动测量。最多可以在屏幕上显示 4 种测量指标

续表

名 称	功 能
Remove Measurement(清除测量)	使用该选项来消除特定的测量指标或所有显示的测量指标
Gating(门限)	使用该选项来选择需要进行测量的部分波形
High-Low Setup(高低设置)	使用该选项来选择需要采用的测量方法,测量方法的选择取决于波形类型和信号特性
Reference Levels(参考电平)	使用该选项来指定自定义的或默认的参考电平

（6）激活 SAVE/RECALL 菜单

要激活 SAVE/RECALL 菜单功能控件基于菜单的功能，请执行如下步骤：

在前面板的顶部，按 SAVE/RECALL 菜单按钮，如图 6-48 所示。

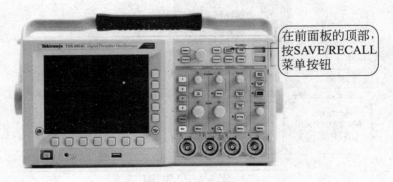

在前面板的顶部，按SAVE/RECALL菜单按钮

图 6-48　激活菜单

如图 6-49 所示，SAVE/RECALL 菜单在显示屏的底部被激活。

（7）激活 DISPLAY 菜单功能

要激活 DISPLAY 菜单功能控件的基于菜单功能，执行以下步骤：

在前面板的顶部，按 DISPLAY 菜单按钮，如图 6-50 所示。

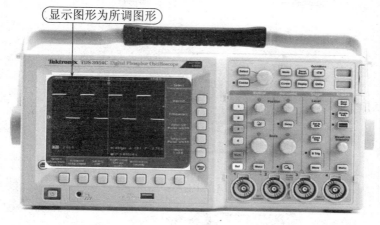

显示图形为所调图形

图 6-49 SAVE/RECALL 菜单激活

在前面板的顶部，按DISPLAY菜单按钮

图 6-50 激活菜单

如图 6-51 所示，DISPLAY 菜单在显示屏的底部被激活。

（8）激活 UTILITY 菜单功能

要激活 UTILITY 菜单功能控件的基于菜单功能，执行以下步骤：

在前面板的顶部，按 UTILITY 菜单按钮如图 6-52 所示。

如图 6-53 所示，UTILITY 菜单在显示屏的底部被激活。

显示图形为所调图形

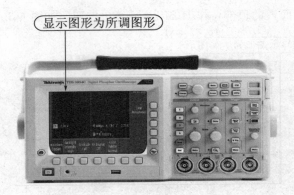

图 6-51 DISPLAY 菜单激活

在前面板的顶部，
按UTILITY菜单
按钮

图 6-52 菜单激活

显示图形为所调图形

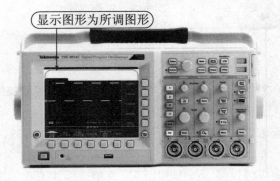

图 6-53 UTILITY 菜单激活

第 7 章

手持数字存储示波器的使用

本章我们主要介绍手持数字存储示波器的使用，手持数字存储示波器集合数字示波器和万用表功能。

7.1 手持数字存储示波器 HDS1021M 的介绍

7.1.1 手持数字存储示波器 HDS1021M 的简介

手持数字存储示波器 HDS1021M 实物如图 7-1 所示，确保 20M 带宽，100MS/s 实时采样率下的精确测试。不但降低了整体功耗，做到真正的节能环保，更实现了成本上的跨越。TFT 真彩色液晶显示彻底改变以往低价示波表黑白的视窗，让测试环境更舒适自然。集合数字示波器和万用表功能，让一切的基础测试一手掌控。

7.1.2 HDS1021M 手持数字存储示波器的工作原理

数字示波表由高性能微处理器、高速 A/D 及数据处理电路组成。被测信号经信号输入通道进行调理，以满足最佳 A/D 转换要求。

图 7-1 手持数字存储示波器 HDS1021M

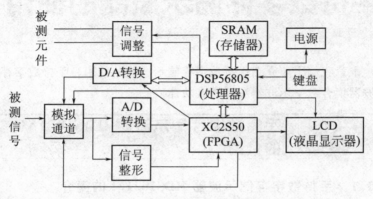

高速 A/D 转换后的数据存储在 FIFO 中，供微处理器进行处理。微处理器根据菜单的选择输入，执行相应的算法处理软件，得到相应的测量结果。HDS1021M 手持数字存储示波器原理图如图 7-2 所示。

图 7-2　手持示波器工作原理

7.1.3　HDS1021M 手持数字存储示波器的特点

（1）高分辨率、高对比度的彩色液晶显示

　　分辨率达 320×240 的全彩色液晶屏幕使得波形更易读取，尤其是当在屏幕上显示大幅值或多个互相覆盖的波形时，无论是在日光下还是黑暗的检测环境中，都能够获得最清晰的显示效果。

（2）小巧便捷、可靠耐用

　　易于携带，并备有特殊设计的一体化绝缘保护套，在苛刻工业环境中确保坚固耐用与可靠操作。

（3）多国语言菜单显示

　　支持中文简体、英文、俄语、德语、西班牙语、波兰语等，告别单一的英文界面，直接进入全中文界面，沟通更顺畅，交流更简便。

（4） 自动量程功能

峰-峰值、平均值、均方根值、频率、周期、最大值、最小值、顶端值、底端值、幅度、过冲、预冲、上升时间、下降时间、正脉冲、负脉宽、正占空比、负占空比、延迟 A-B、延迟 A-B。

（5） 宽频带、灵敏度高

带宽 20MHz，扫速范围达到 5ns/DIV～100s/DIV，按 1—2.5—5 进制方式步进，灵敏度高达 5mV/DIV-5V/DIV。

7.1.4 HDS1021M 手持数字存储示波器的技术性能

HDS1021M 手持数字存储示波器的技术性能如表 7-1 所示。

表 7-1　HDS1021M 手持数字存储示波器的技术性能

功　能	项　目	技术指标
采样	采样方式	普通采样　峰值检测　平均值
	采样率	100MS/s
输入	输入耦合	直流、交流、接地
	输入阻抗	1MΩ±2%，与 18pF±5pF 并联
	探头衰减系数	1×,10×,100×,1000×
	最大输入电压	400V 峰值
水平	采样率范围	0.25S/s～100MS/s
	波形内插	(sinx)/x
	记录长度	6k 个采样点
	扫速范围(S/DIV)	5ns/DIV～100s/DIV 按 1—2.5—5 进制方式步进
	时间间隔(ΔT)	±(1 采样间隔时间＋100ppm ×读数＋0.6ns)
	量精确度(满带宽)＞16 个平均值	±(1 采样间隔时间＋100ppm ×读数＋0.4ns)

零起点看图学 示波器的使用

功 能	项 目	技术指标
垂直	模拟数字转换器（A/D）	8 比特分辨率
	灵敏度（伏/格）范围（V/DIV）	5mV/DIV～5V/DIV（在输入 BNC 处）
	位移范围	±10DIV（5mV/DIV～2V/DIV），±6DIV(5V/DIV)
	模拟带宽	20MHz
	单次带宽	满带宽
	低频响应（交流耦合，−3dB）	在 BNC 上
	上升时间（BNC 上典型的）	≤17.5ns
	直流增益精确度	±3%
	直流测量精确度（平均值采样方式）	经对捕获的≥16 个波形取平均值后，波形上任两点间的电压差（ΔV）：±（5%读数＋0.05 格）
触发	触发灵敏度（边沿触发）	可调：0.2～1.0DIV(DC～满带宽)
	触发电平范围	距屏幕中心±4 格
	触发电平精确度（典型的）精确度适用于上升和下降时间≥20ns 的信号	±0.3 格
	触发位移	前触发 655 格,后触发 4 格
	释抑范围	100ns～10s
	触发灵敏度（视频触发，典型的）	2 格峰间值
	信号制式和行/场频率（视频触发类型）	支持任何场频或行频的 NTSC、PAL 和 SECAM 广播系统

续表

功　能	项　目	技术指标
测量	光标测量	光标间电压差（ΔV）、光标间时间差（ΔT）峰峰值、平均值、均方根值、频率、周期、最大值、最小值
	自动测量	顶端值、底端值、幅值、过冲、欠冲、上升时间、下降时间、正脉宽、负脉宽、正占空比、负占空比
直流电压	输入阻抗	10MΩ
	最大输入电压	直流 1000V
交流电压	输入阻抗	10MΩ
	最大输入电压	交流 750V 有效值
	频率范围	40～400Hz
	显示	正弦波有效值
电源适配器	电源电压	100～240VAC 50 /60Hz
	输出电压	8. 5VDC
	输出电流	1500mA

7.1.5　注意事项

(1) 使用后的存放

若想长期存放测试仪，在存放之前，需要给锂电池充电。要使电池电量充足，必须充电四小时（充电时必须关闭测试仪）。充电完全后，电池可以供电六小时。

注意

　① 为避免充电时电池过热，环境温度不得超过技术规格中给定的允许值。

　② 即使长时间连接充电器，也不会发生危险。仪器会自动切换到缓慢充电状态。

（2）设备放置

勿把仪器储存或放置在液晶显示屏会长时间受到直接日照的地方。

小心！勿让喷雾剂、液体和溶剂沾到仪器或探头上，以免损坏仪器或探头。

（3）输入端子耐压

① 如果示波表输入端口连接在峰值高于 42V 的（30Vrms）的电压或超过 4800V·A 的电路上，避免触电或失火。

② 使用前，检查万用表测试笔、示波器探极和附件是否有机械损伤，如果发现损伤，请更换。

③ 拆去所有不使用的测试笔、探极和附件（电源适配器、USB 连接线等）。

④ 在 CATⅢ环境中测试时，不要将电压差高于 400V 的电压连接到隔离的输入端口。

⑤ 在 CATⅡ环境中测试时，不要将电压差高于 400V 的电压连接到隔离的输入端口。

⑥ 不要使用高于仪器额定值的输入电压。在使用 1：1 测试导线时要特别注意，因为探头电压会直接传递到示波表上。

⑦ 不要使用裸露的金属 BNC 或香蕉插头。

⑧ 不要将金属物体插入接头。

7.2 手持数字存储示波器 HDS1021M 的功能特点

本节我们将对手持数字存储示波器 HDS1021M 的各个按钮进行详细的介绍。熟悉这些按钮的分布与功能，可以帮助我们更好地使用双轨迹示波器。

7.2.1 HDS1021M 手持数字存储示波器按键分布

HDS1021M 手持数字存储示波器实物如图 7-3 所示。

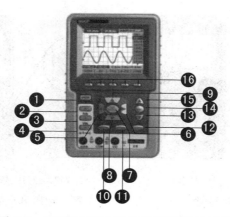

图 7-3　HDS1021M手持数字存储示波器

7.2.2　前面板各按钮说明

❶ 电源开关：图 7-4 为示波器的电源开关，按下此开关，仪器电源接通，指示灯亮。

❷ A：图 7-5 为示波器的万用表电流测量按键。

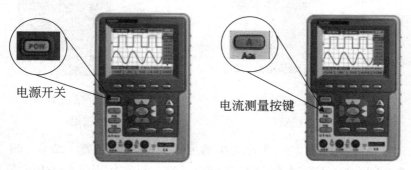

电源开关

图 7-4　电源开关

电流测量按键

图 7-5　万用表电流测量按键

❸ V：图 7-6 为示波器的万用表电压测量按键。

❹ R：图 7-7 为示波器的万用表电阻、三极管、通断和电容测量按键。

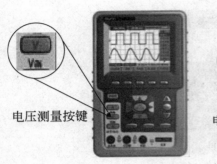

电压测量按键

电阻、三极管、
通断和电容

图 7-6　万用表电压
测量按键

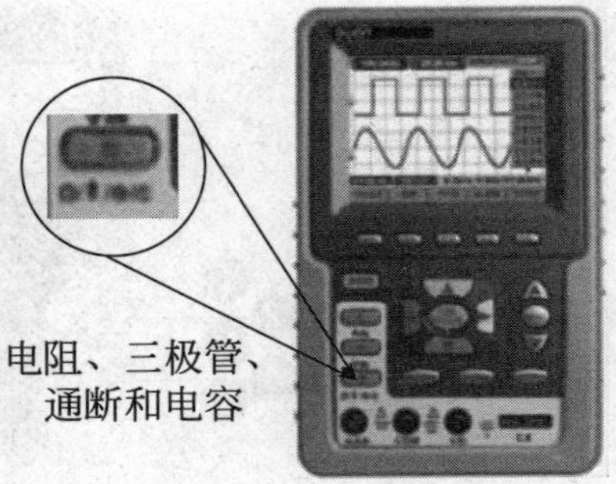

图 7-7　万用表电阻、三极
管、通断和电容测量按键

❺ OSC◀：图 7-8 为示波器的向左调整按键。
❻ OSC▶：图 7-9 为示波器的向右调整按键。

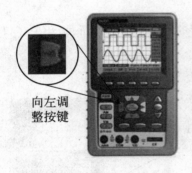

向左调
整按键

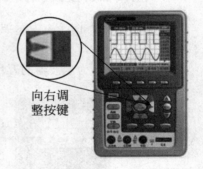

向右调
整按键

图 7-8　OSC：示波器向
左调整按键

图 7-9　OSC：示波器向
右调整按键

❼ OSC：图 7-10 为示波器的 OPTION 设置按键。结合 OSC
◀、OSC▶、OSC▲和 OSC ▼四个按键，正常状态可以循环设置
通道垂直标尺（电压挡位）、主时基（水平时基）、通道零点位置
（垂直位置）、触发水平位置（水平位置）和触发电平位置（触发电
平），同时，如果在波形计算时，可调整计算波形 M 的显示倍率
（CHM 幅度倍率）和显示垂直位置（CHM 垂直位置）。在光标测

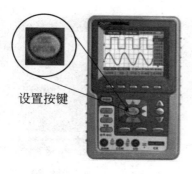

设置按键

图 7-10   OSC OPTION
示波器设置按键

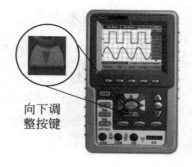

向下调
整按键

图 7-11   示波器向下
调整按键

量，可调整光标 1（V1 或 T1）和光标 2（V2 或 T2）的位置。

❽ OSC ▼：图 7-11 为示波器的向下调整按键。

❾ OSC▲：图 7-12 为示波器的向上调整按键。

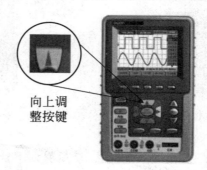

向上调
整按键

图 7-12   示波器向上调整按键

❿ OSC/DMM：图 7-13 为示波器的万用表工作状态切换按键。

⓫ AUTOSET：图 7-14 为示波器的自动设置按键。在万用表状态，如果在电流或电压测量时，这个按键可循环切换交流和直流；在电阻测量时，这个按键可循环切换电阻、二极管、通断和电容测量。

⓬ RUN/STOP：图 7-15 为示波器的运行和停止按键。

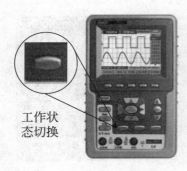

工作状态切换

图 7-13 示波器和万用表
工作状态切换按键

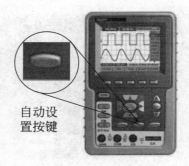

自动设置按键

图 7-14 自动设置按键

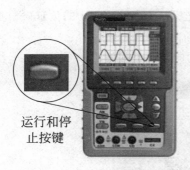

运行和停止按键

图 7-15 运行和停止按键

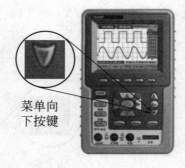

菜单向下按键

图 7-16 菜单向下按键

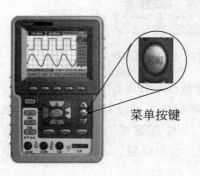

菜单按键

图 7-17 菜单按键

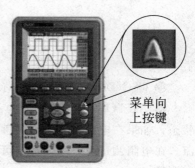

菜单向上按键

图 7-18 菜单向上按键

⑬ MENU ▼：图 7-16 为示波器的菜单向下按键。

⑭ MENU：图 7-17 为示波器的菜单按键。

⑮ MENU ▲：图 7-18 为示波器的菜单向上按键。

⑯ F1～F5：图 7-19 为示波器的菜单选项设置按键。

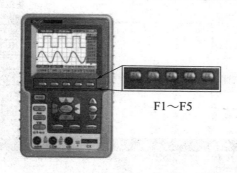

F1～F5

图 7-19　菜单选项设置按键

7.3　手持数字存储示波器的使用方法

7.3.1　手持数字存储示波器显示界面说明

如图 7-20 所示。

㉑ 电池电量指示，符号有■、◨、◧、□。

㉒ 自动测量窗口 1，其中 f 表示频率，T 表示周期，V 表示平均值，Vp 表示峰峰值，Vk 表示均方根值，Ma 表示最大值，Mi 表示最小值，Vt 表示顶端值，Vb 表示底端值，Va 表示幅值，Os 表示过冲，Ps 表示欠冲，RT 表示上升时间，FT 表示下降时间，PW 表示正脉宽，NW 表示负脉宽，+D 表示正占空比，−D 表示负占空比。

㉓ 自动测量窗口 2。

㉔ 指针表示触发水平位置。

㉕ 读数显示触发水平位置与屏幕中心线的时间偏差，屏幕中

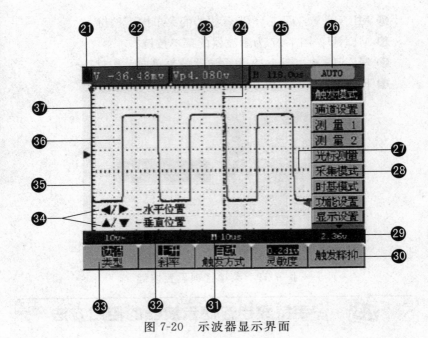

图 7-20 示波器显示界面

心处为 0。

㉖ 触发状态指示下列信息。

Auto：示波器处于自动方式并正采集无触发状态下波形。

Trig'd：示波器已检测到一个触发，正在采集触发后信息。

Ready：所有预触发数据均已被获取，示波器已准备就绪，接受触发。

Scan：示波器以扫描方式连续地采集并显示波形数据。

Stop：示波器已停止采集波形数据。

㉗ 绿色指针表示触发电平位置。

㉘ 隐藏式菜单，按 MENU 键可调出该菜单。

㉙ 读数表示触发电平的数值。

㉚ 菜单设置选项，不同的菜单对应不同的设置选项。

㉛ 读数表示主时基设定值。

㉜ 图形表示通道的耦合方式，图形"～"表示交流，图形
"—"表示直流，图形"⏚"表示接地。

㉝ 读数表示通道的垂直标尺因数。

㉞ OSC OPTION 操作的提示，不同的 OSC OPTION 对应
不同的提示。

㉟ 红色指针表示通道所显示波形的接地基准点，也就是零点
位置。如果没有表明通道的指针，说明该通道没有打开。

㊱ 输入信号的波形。

㊲ 波形显示区。

7.3.2 菜单的使用方法

① 按 MENU（菜单）键，屏幕右边显示功能菜单，底部显示
功能菜单对应设置选项。再按 MENU（菜单）键隐藏功能菜单，
如图 7-21 所示。

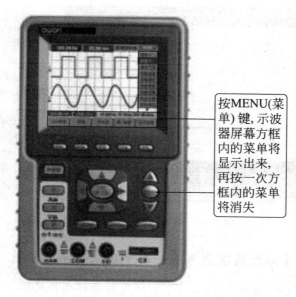

按MENU(菜单)键,示波器屏幕方框内的菜单将显示出来,再按一次方框内的菜单将消失

图 7-21　示波器菜单显示方法

② 按 MENU ▲或 MENU ▼键，选择不同的功能菜单，如图 7-22 所示。

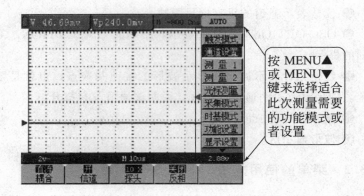

图 7-22　示波器菜单显示界面

③ 按 F1～F5 键，改变功能设置，如图 7-23 所示。

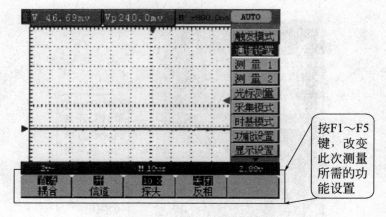

图 7-23　示波器功能显示界面

7.3.3　手动设置垂直系统、水平系统和触发位置

OSC OPTION 按键是一个多种设置循环选择按键，它可以循环选择设置通道电压挡位（通道垂直标尺因数）、通道垂直位置

（通道垂直零点位置）、触发位置、水平时基（主时基）和水平位置（触发水平位置）。以下示例讲述如何使用示波表的 OSC OPTION 进行设置。

① 按一次 OSC OPTION 键，屏幕左下方显示提示

◀/▶—水平时基

▲/▼—电压挡位

这时按 OSC ▲或 OSC ▼键可调整垂直标尺因数，按 OSC◀或 OSC▶键可调整主时基，如图 7-24 所示。

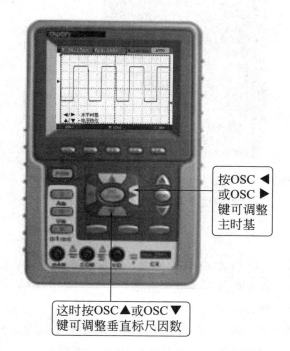

按OSC ◀
或OSC ▶
键可调整
主时基

这时按OSC▲或OSC▼
键可调整垂直标尺因数

图 7-24　电压挡位显示界面

② 再按一次 OSC OPTION 键，屏幕左下方显示提示

◀/▶—水平位置

▲/▼—垂直位置

这时按 OSC ▲ 或 OSC ▼ 键可调整通道的垂直零点位置，按 OSC ◀ 或 OSC ▶ 键可调整触发水平位置，如图 7-25 所示。

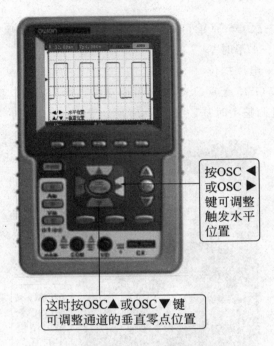

按OSC ◀ 或OSC ▶ 键可调整触发水平位置

这时按OSC▲或OSC▼键可调整通道的垂直零点位置

图 7-25　垂直位置显示界面

③ 再按一次 OSC OPTION 键，屏幕左下方显示提示

◀ / ▶—水平位置

▲ / ▼—触发电平

这时按 OSC ▲ 或 OSC ▼ 键可调整触发电平位置，按 OSC ◀ 或 OSC ▶ 键可调整触发水平位置，如图 7-26 所示。

④ 再按一次 OSC OPTION 键，循环回到操作 1。

7.3.4　重新设置示波表

如果要将示波表重新设置为出厂设置，请执行下列步骤。

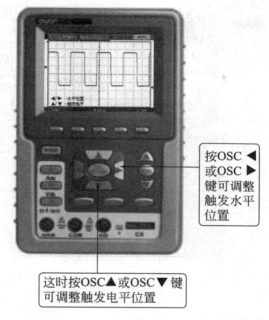

按OSC ◀
或OSC ▶
键可调整
触发水平
位置

这时按OSC▲或OSC▼键
可调整触发电平位置

图 7-26　TRIG 显示界面

① 按 MENU（菜单）键，屏幕右边显示功能菜单。

② 按 MENU ▲或 MENU ▼键，选择功能设置，底部显示三个选项。

③ 按 F1 键，选择厂家设置。示波表被设置为出厂设置，如图 7-27 所示。

7.3.5　屏幕锁定

可以随时锁定屏幕（所有读数和波形）。

① 按 RUN/STOP 键，将屏幕锁定，屏幕右上方触发状态指示出现 STOP。

② 再按 RUN/STOP 键，示波器恢复测量，如图 7-28 所示。

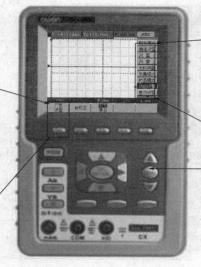

选中功能测试之后下方会出现三个选项，按F1键选择厂家设置。示波表被设置为出厂设置

按MENU▲或MENU▼键，在功能菜单中选择功能设置

按MENU(菜单)键，屏幕右边显示功能菜单

图 7-27　厂家设置

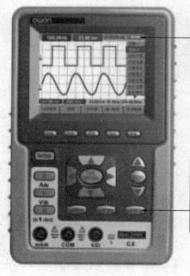

已锁定的波形会在屏幕上方出现"STOP"

按RUN/STOP键，将屏幕锁定，这时可以观察已锁定的波形，如要解除锁定再按RUN/STOP 键

图 7-28　屏幕锁定

7.3.6　使用平均处理使波形平滑

要使波形平滑，执行下列步骤。

① 按 MENU（菜单）键，屏幕右边显示功能菜单。

② 按 MENU ▲或 MENU ▼键，选择采集模式，底部显示四个选项。

③ 按 F3 键，选择平均值，再按 F4 键，选择平均次数 16 次。这时会平均 16 次测量结果显示，如图 7-29 所示。

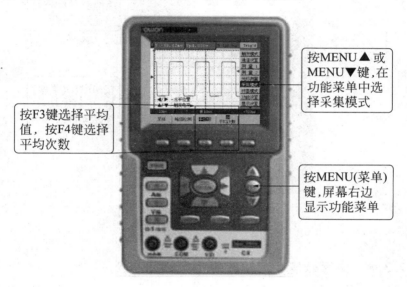

按MENU▲或 MENU▼键，在功能菜单中选择采集模式

按F3键选择平均值，按F4键选择平均次数

按MENU(菜单)键，屏幕右边显示功能菜单

图 7-29　平均值采样方式

7.3.7　使用余辉显示波形

可以用余辉功能持续观察动态信号。

① 按 MENU（菜单）键，屏幕右边显示功能菜单。

② 按 MENU ▲或 MENU ▼键，选择显示设置，底部显示四个选项。

③ 按 F2 键，可循环选择 1s、2s、5s、无限或关闭。这时选择无限，观察的动态信号就可以持续地停留在屏幕上。选择关闭，持续功能关闭，如图 7-30 所示。

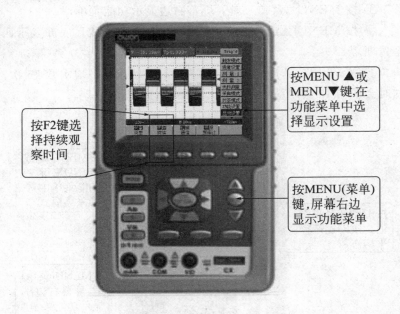

按F2键选择持续观察时间

按MENU ▲或 MENU▼键,在功能菜单中选择显示设置

按MENU(菜单)键,屏幕右边显示功能菜单

图 7-30　无限余辉显示

7.3.8　使用峰值检测功能显示尖峰脉冲

可以使用该功能显示 50ns（纳秒）或更宽的结果（尖峰脉冲或其他异步波形）。

① 按 MENU（菜单）键，屏幕右边显示功能菜单。

② 按 MENU ▲或 MENU ▼键，选择采集模式，底部显示四个选项。

③ 按 F2 键，选择峰值检测。这时你可以测量尖峰脉冲，如图 7-31 所示。

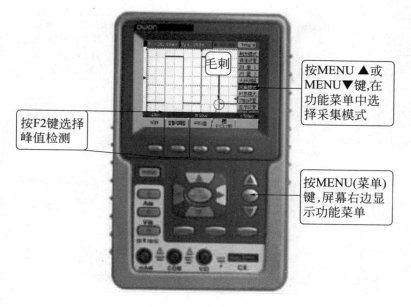

图 7-31　峰值检测

7.3.9　垂直通道的设置

（1）通道设置

进行垂直通道的设置，执行以下步骤。

① 按 MENU（菜单）键，屏幕右边显示功能菜单。

② 按 MENU ▲或 MENU ▼键，选择通道设置，底部显示四个选项，如图 7-32 所示。

③ 按 F1～F4 键，可进行不同设置，如表 7-2 所示。

（2）设置通道耦合

以输入通道为例，被测信号是一含有直流偏置的方波信号。

① 按 F1 耦合→交流，设置为交流耦合方式。被测信号含有的直流分量被阻隔，如图 7-33 所示。

② 按 F1 耦合→直流，设置为直流耦合方式。被测信号含有的

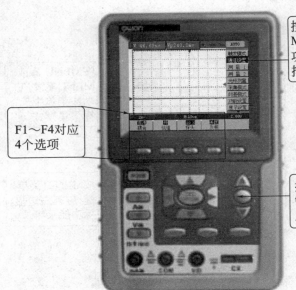

按MENU▲或 MENU▼键，在功能菜单中选择通道设置

F1～F4对应4个选项

按MENU(菜单)键，屏幕右边显示功能菜单

图 7-32　通道设置菜单

表 7-2　垂直通道菜单说明

功能菜单	设　定	说　明
耦合	交流	阻挡输入信号的直流成分
	直流	通过输入信号的交流和直流成分
	接地	断开输入信号
信道	关	通道关闭
	开	通道打开
探头	1×	根据探头衰减因数选取其中一个值，以保持垂直标尺读数准确
	10×	
	100×	
	1000×	
反相	关闭	波形正常显示
	开启	打开波形反向功能

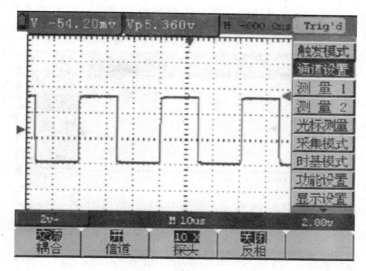

图 7-33　交流耦合

直流分量和交流分量都可以通过，如图 7-34 所示。

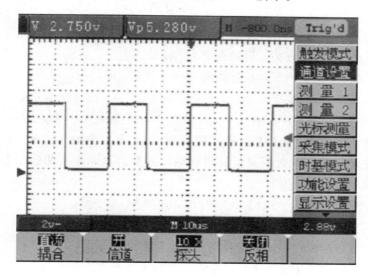

图 7-34　直流耦合

③ 按 F1 耦合→接地，设置为接地耦合方式。断开输入信号，如图 7-35 所示。

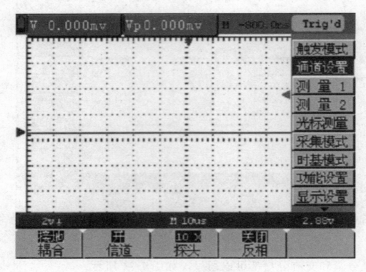

图 7-35　接地耦合

（3）设置通道打开和关闭

按 F2 信道→关，设置通道为关闭状态。

按 F2 信道→开，设置通道为打开状态。

（4）调节探极比例

为了配合探极的衰减系数，需要在通道操作菜单相应调整探极衰减比例系数。如探极衰减系数为 10∶1，示波器输入通道的比例也应设置成 10×，以避免显示的标尺因数信息和测量的数据发生错误。

按 F3 探极，可设置相应的比例，如表 7-3 所示。

（5）波形反相的设置

波形反相：显示的信号相对地电位翻转 180°。

要反向显示输入端口的波形，执行下列步骤：

① 按 MENU（菜单）键，屏幕右边显示功能菜单。

表 7-3 探极衰减系数与对应菜单设置

探极衰减系数	对应菜单设置
1 : 1	1×
10 : 1	10×
100 : 1	100×
1000 : 1	1000×

② 按 MENU ▲ 或 MENU ▼ 键，选择通道设置，底部显示四个选项。

③ 按 F4 键，选择反相开启，屏幕显示的波形为反相波形，如图 7-36 所示。

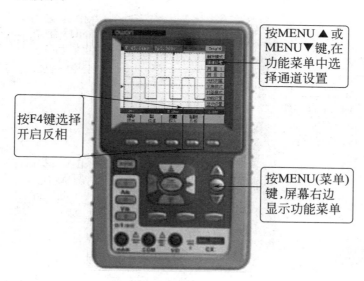

图 7-36 方向设置

7.3.10 如何设置触发系统

(1) 置触发系统

触发决定了示波器何时开始采集数据和显示波形。一旦触发被正确设定，它可以将不稳定的显示转换成有意义的波形。示波器在开始采集数据时，先收集足够的数据用来在触发点的左方画出波形。示波器在等待触发条件发生的同时连续地采集数据。当检测到触发后，示波器连续地采集足够的数据以在触发点的右方画出波形。

进行触发模式设置，执行以下步骤。

① 按 MENU（菜单）键，屏幕右边显示功能菜单。

② 按 MENU ▲或 MENU ▼键，选择触发模式，底部显示五个选项。

③ 按 F1～F5 键，可进行不同设置，如图 7-37 所示。

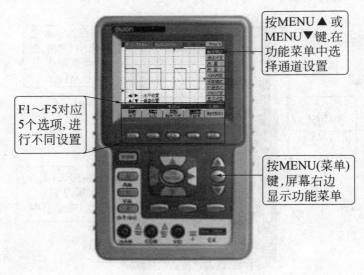

图 7-37　置触发系统设置

（2）触发控制

触发有两种模式：边沿和视频。每类触发使用不同的功能菜单。

边沿触发：当触发输入沿给定方向通过某一给定电平时，边沿触发发生。

视频触发：对标准视频信号进行场或行视频触发。

① 边沿触发

边沿触发模式是在输入信号边沿的触发阈值上触发。在选取边沿触发时，即在输入信号的上升或下降边沿触发，如图 7-38 所示。

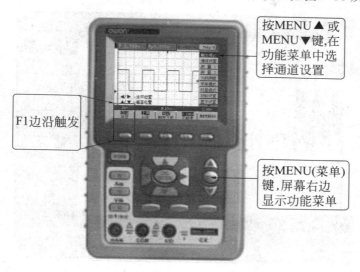

按MENU▲ 或MENU▼键,在功能菜单中选择通道设置

F1边沿触发

按MENU(菜单)键,屏幕右边显示功能菜单

图 7-38　边沿触发

边沿触发菜单说明如表 7-4 所示。

表 7-4　边沿触发菜单说明

功能菜单	设　定	说　明
斜率	上升 下降	设置在信号上升边沿触发 设置在信号下降边沿触发
触发方式	自动 正常 单次	设置在没有检测到触发条件下也能采集波形 设置只有满足触发条件时才采集波形 设置当检测到一次触发时采样一个波形,然后停止
灵敏度	0.2～1.0DIV	设置触发灵敏度
触发释抑		进入触发释抑菜单,具体见触发释抑菜单说明

② 视频触发

选择视频触发以后，即可在 NTSC、PAL 或 SECAM 标准视频信号的场、行、奇场、偶场或指定行上触发。

a. 当同步为行、场、奇场、偶场时，如图 7-39 所示。

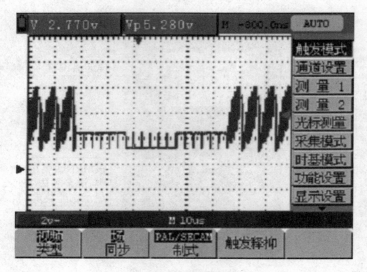

图 7-39　视频场触发

当同步为行、场、奇场、偶场时，菜单说明如表 7-5 所示。

表 7-5　当同步为行、场、奇场、偶场时的菜单说明

功能菜单	设　定	说　明
同步	行	设置在视频行上触发同步
	场	设置在视频场上触发同步
	奇场	设置在视频奇场上触发同步
	偶场	设置在视频偶场上触发同步
制式	NTSC PAL /SECAM	设置同步和计数选择视频标准
触发释抑		进入触发释抑菜单

b. 当同步为指定行时，如图 7-40 所示。

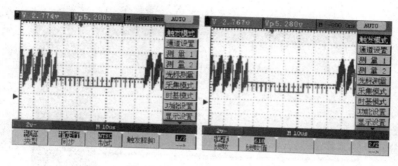

图 7-40　视频指定行触发

当同步为指定行时，菜单说明如表 7-6 所示。

表 7-6　当同步为指定行时的菜单说明

功能菜单	设　定	说　明
制式	NTSC PAL /SECAM	设置同步和计数选择视频标准
触发释抑		进入触发释抑菜单
		进入下页菜单
线数	递增 递减	设置线路值按递增变化 设置线路值按递减变化
线数值		设置并显示指定的线数值
		返回上页菜单

c. 触发释抑菜单，如图 7-41 所示。

触发释抑菜单说明如表 7-7 所示。

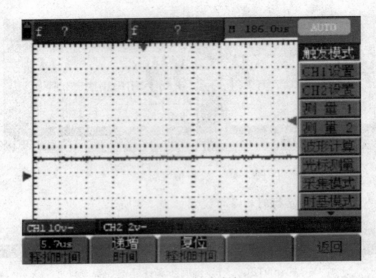

图 7-41　触发释抑

表 7-7　触发释抑菜单说明

功能菜单	设　定	说　明
释抑时间		设置可以接受另一触发事件之前的时间量
时间	递增 递减	设置触发释抑时间按递增变化 设置触发释抑时间按递减变化
复位 释抑时间		设置触发释抑时间为 100ns
返回		返回上一级菜单

注：使用触发释抑控制可稳定触发复杂波形（如脉冲系列）。释抑时间是指示波器重新启用触发电路所等待的时间。在释抑期间，示波器不会触发，直至释抑时间结束。

7.3.11　显示设置

显示设置菜单说明如表 7-8 所示。

表 7-8　显示设置菜单说明

功能菜单	设　定	说　明
类型	矢量 点	矢量填补显示中间相邻取样点之间的空间 只显示取样点
持续	关闭 1s 2s 5s 无限	设定每一个取样点的显示保持时间
通信	位图 矢量	通信传输的数据是位图 通信传输的数据是矢量
频率计	6 位	2Hz～满带宽

（1）显示类型

显示类型分为矢量显示和点显示，如图 7-42 所示。

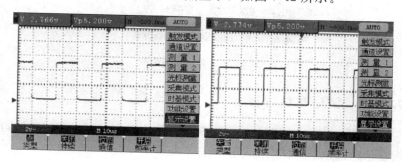

图 7-42　显示类型

（2）频率计

这是一个 6 位的频率计，测量的频率范围是 2Hz～满带宽。只有当测量通道有触发时，才会正确测量频率。

频率计的开启和关闭操作步骤如下。

① 按 MENU（菜单）键，屏幕右边显示功能菜单。

② 按 MENU ▲或 MENU ▼键，选择"显示设置"菜单。

③ 按 F4 键，可以打开或关闭频率计。当设置为打开后，输入

信号的频率会显示在屏幕的右下方，如图 7-43 所示。

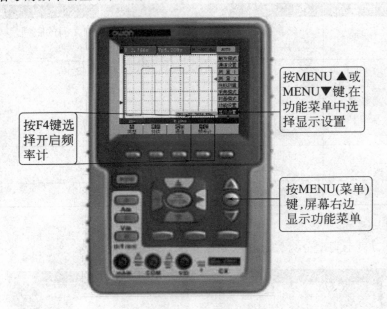

按MENU ▲或
MENU▼键,在
功能菜单中选
择显示设置

按F4键选
择开启频
率计

按MENU(菜单)
键,屏幕右边
显示功能菜单

图 7-43   开启频率计

7.3.12   波形存储设置

示波器可以存储四个波形。四个存储波形可以和当前的波形同时显示。调出的存储波形不能调整。

波形存储/调出菜单说明如表 7-9 所示。

表 7-9   波形存储/调出菜单说明

功能菜单	设定	说　　明
波形	A、B C、D	选择存储和调出波形的地址
存储		把当前的波形存储到选定的地址中
显示	关闭 开启	关闭或开启存储在地址 A、B、C、D 中波形的显示

要把波形存储在地址 A 中，执行以下步骤。

① 按 MENU（菜单）键，屏幕右边显示功能菜单。

② 按 MENU▲或 MENU ▼键，选择波形存储，底部显示四个选项。

③ 按 F1 键，选择地址为 B。

④ 按 F2 键，把波形存储在地址 B 中。

⑤ 按 F3 键，选择显示为开启，存储在地址 B 中的波形就显示在屏幕中，波形显示的颜色是绿色，同时以紫色信息显示波形的零点位置、电压挡位和水平时基，如图 7-44 所示。

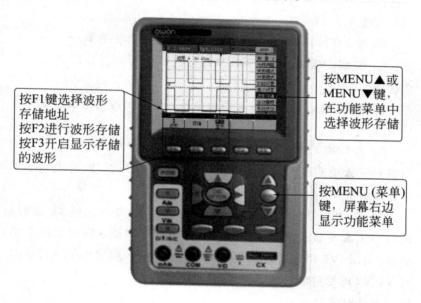

按F1键选择波形存储地址
按F2进行波形存储
按F3开启显示存储的波形

按MENU▲或
MENU▼键，
在功能菜单中
选择波形存储

按MENU (菜单)
键，屏幕右边
显示功能菜单

图 7-44 波形存储

7. 3. 13 光标测量设置

示波器可以对时间和电压手动光标测量。光标测量菜单说明如表 7-10 所示。

表 7-10　光标测量菜单说明

功能菜单	设定	说　　　明
类型	关闭 电压 时间	关闭光标测量 显示电压测量光标和菜单 显示时间测量光标和菜单
增量		显示两光标的测量值差
光标 1		显示光标 1 相应的测量值
光标 2		显示光标 2 相应的测量值

（1）测量电压的步骤

① 按 MENU（菜单）键，屏幕右边显示功能菜单。

② 按 MENU▲或 MENU ▼键，选择光标测量，底部显示两个选项。

③ 按 F1 键，选择测量类型为电压。屏幕出现两条紫色虚横线 V1、V2。

④ 按 OSC OPTION 键，直到屏幕显示▲/▼－光标 1，这时，调整 OSC▲或 OSC ▼，可看到虚线 V1 上下移动，同时光标 1 菜单会显示出 V1 相对于通道零点位置的电压值。

⑤ 按 OSC OPTION 键，直到屏幕显示▲/▼－光标 2，这时，调整 OSC▲或 OSC ▼，可看到虚线 V2 上下移动，同时光标 2 菜单会显示出 V2 相对于通道零点位置的电压值。增量菜单还会显示出 V1-V2 的绝对值，如图 7-45 所示。

（2）测量时间的步骤

① 按 MENU（菜单）键，屏幕右边显示功能菜单。

② 按 MENU▲或 MENU ▼键，选择光标测量，底部显示两个选项。

③ 按 F1 键，选择测量类型为时间。屏幕出现两条紫色虚竖线 T1、T2。

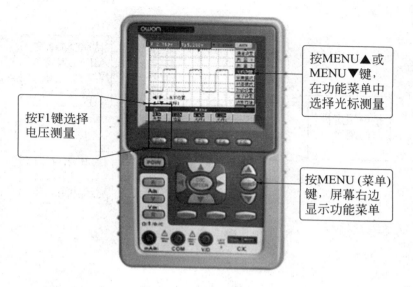

按MENU▲或
MENU▼键，
在功能菜单中
选择光标测量

按F1键选择
电压测量

按MENU (菜单)
键，屏幕右边
显示功能菜单

图 7-45　光标电压测量

④ 按 OSC OPTION 键，直到屏幕显示▲/▼－光标 1，这时，调整 OSC▲或 OSC ▼，可看到虚线 T1 左右移动，同时光标 1 菜单会显示出 T1 相对于屏幕中点位置的时间值。

⑤ 按 OSC OPTION 键，直到屏幕显示▲/▼－光标 2，这时，调整 OSC▲或 OSC ▼，可看到虚线 T2 左右移动，同时光标 2 菜单会显示出 T2 相对于屏幕中点位置的时间值。增量菜单还会显示出 T1-T2 的时间绝对值，如图 7-46 所示。

7.3.14　自动量程

该功能可以自动调整设置值以跟踪信号。如果信号发生变化，其设置将持续跟踪信号。自动量程状态下示波器会自动根据被测信号的类型、幅度、频率调整到合适的触发模式、电压挡位和时基挡位。

自动量程菜单说明如表 7-11 所示。

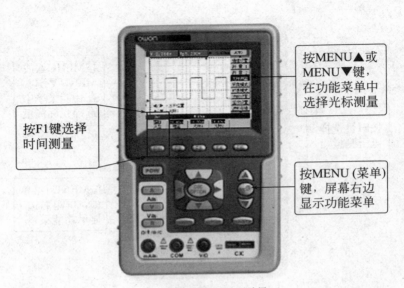

按MENU▲或 MENU▼键，在功能菜单中选择光标测量

按F1键选择 时间测量

按MENU (菜单) 键，屏幕右边 显示功能菜单

图 7-46　光标时间测量

表 7-11　自动量程菜单说明

功能菜单	设定	说　　明
自动量程	关 开	关闭自动量程功能 开启自动量程功能
模式	仅垂直 仅水平 水平—垂直	跟踪并调整垂直刻度;不改变水平设置 跟踪并调整水平刻度;不改变垂直设置 跟踪并调整两个轴
波形		只显示一到两个周期的波形 可以显示多个周期的波形图

测量输入信号的电压，执行以下步骤。

① 按 MENU（菜单）键，屏幕右边显示功能菜单。

② 按 MENU▲或 MENU▼键，选择自动量程，底部显示三

个选项。

③ 按 F1 键，选择测量类型为开。

④ 按 F2 键，选择模式为水平—垂直。

⑤ 按 F3 键，选择多波形测量，如图 7-47 所示。

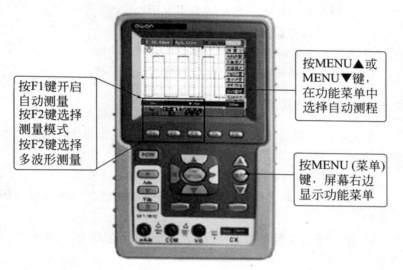

按F1键开启
自动测量
按F2键选择
测量模式
按F2键选择
多波形测量

按MENU▲或
MENU▼键，
在功能菜单中
选择自动测程

按MENU (菜单)
键，屏幕右边
显示功能菜单

图 7-47　自动量程，水平—垂直模式多周期波形图

注意以下几点。

① 进入自动量程模式时，在屏幕的左上角出现Ⓐ闪烁标志（每 0.5s 闪一次）。

② 自动量程模式下，可以自动判断"触发模式"（边沿，视频）。此时该功能不可操作，若选择"触发模式"，则会出现"自动量程下禁止操作"的提示。

③ 在自动量程状态下，触发耦合方式始终为直流耦合，触发方式为自动；此时不能按触发方式功能键及耦合方式功能键，则会显示："自动量程下禁止操作"的提示。

④ 自动量程模式下，如果调整垂直位置、电压挡位、触发电平和时基挡位，则自动退出自动量程状态；此时再按 AUTO SET

（自动设置）按键，又进入自动量程模式。

⑤ 在自动量程菜单下，关闭子菜单自动量程开关，也会退出自动量程状态；下次如果要进入自动量程模式，则需要再次开启子菜单下的自动量程开关。

⑥ 在视频触发状态下水平时基固定于 $50\mu s$ 挡位。

⑦ 一旦进入自动量程，以下设置会被强制：

a. 当处在非主时基状态下，会切到主时基状态；

b. 如果放在平均值采样，会切到峰值检测菜单。

7.3.15 系统状态菜单

系统状态菜单显示示波器当前水平系统、垂直系统、触发系统和其他的一些信息。操作步骤如下。

① 按 MENU（菜单）键，屏幕右边显示功能菜单。

② 按 MENU▲或 MENU ▼键，选择系统状态，底部显示四个选项。

③ 按 F1～F4 键，屏幕会显示对应的状态信息，如图 7-48 所示。

7.3.16 时基模式设置

时基模式菜单说明如表 7-12 所示。

表 7-12　时基模式菜单说明

功能菜单	设定	说　　明
主时基		水平主时基设置用于显示波形
视窗设定		用两个光标定义一个窗口区
视窗扩展		把定义的窗口区扩展为全屏显示

要进行视窗扩展的操作，执行如下步骤。

① 按 MENU（菜单）键，屏幕右边显示功能菜单。

② 按 MENU▲或 MENU ▼键，选择时基模式，底部显示三

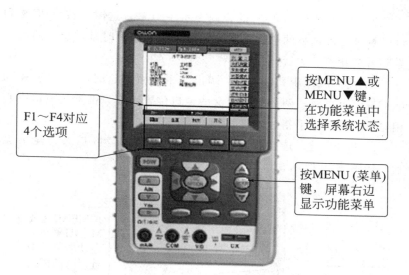

按MENU▲或
MENU▼键，
在功能菜单中
选择系统状态

F1～F4对应
4个选项

按MENU (菜单)
键，屏幕右边
显示功能菜单

图 7-48 系统状态

个选项。

③ 按 F2 键，选择视窗设定，如图 7-49 所示。

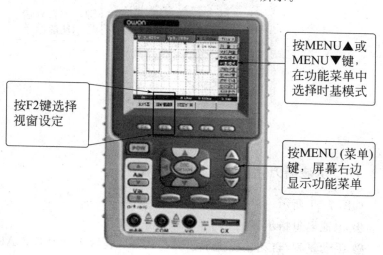

按MENU▲或
MENU▼键，
在功能菜单中
选择时基模式

按F2键选择
视窗设定

按MENU (菜单)
键，屏幕右边
显示功能菜单

图 7-49 视窗设定

④ 按 OSC OPTION 键，调出水平时基，这时，按 OSC◀ 和 OSC▶ 键可以调整两个光标定义的窗口区的水平时基，窗口的大小会随着变化。

⑤ 按 OSC OPTION 键，调出水平位置，这时，按 OSC◀ 和 OSC▶ 键可以调整两个光标定义的窗口位置，窗口位置是窗口中心相对于主时基水平指针的时间差。

⑥ 按 F3 键，选择视窗扩展，所定义的窗口区扩展为全屏显示，如图 7-50 所示。

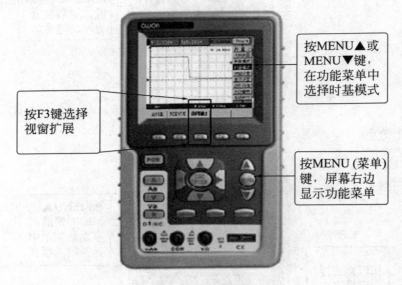

按MENU▲或
MENU▼键，
在功能菜单中
选择时基模式

按F3键选择
视窗扩展

按MENU (菜单)
键，屏幕右边
显示功能菜单

图 7-50　视窗扩展

7.3.17　示波器万用表显示界面说明

如图 7-51 所示。

❹ 电池电量指示。

❷ 手动量程/自动量程指示：MANUAL 表示手动量程，AU-TO 表示自动量程。

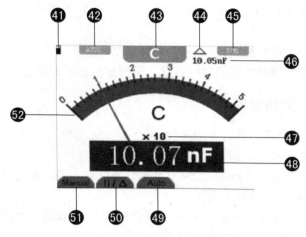

图 7-51　示波器万用表显示界面

㊸ 测量种类指示：

DCV——直流电压测量

ACV——交流电压测量

DCA——直流电流测量

ACA——交流电流测量

R——电阻测量

——二极管测量

🔊——通断测量

C——电容测量

㊹ 相对值测量指示。

㊺ 运行状态指示：RUN 表示持续更新，STOP 表示屏幕锁定。

㊻ 相对值测量基准值。

㊼ 表针指示的倍率。表针指示的读数乘以该倍率就是测量值。

㊽ 测量值主读数。

㊾ 自动量程控制。

㊿ 绝对值/相对值测量控制：｜｜表示绝对值，△表示相对值。

㊾ 手动量程控制。

㊿ 表针指示测量读数的表盘。不同测量种类显示为不同颜色。

7.3.18　测量电阻值

要测量电阻，执行下列步骤。

① 按下 R 键，屏幕中上方显示 R。

② 将黑色表笔插入 COM "香蕉" 插口输入端，红色表笔插入 V/Ω "香蕉" 插口输入端。

③ 将红色和黑色表笔连接到被测电阻器，屏幕将显示被测电阻器的电阻值读数，如图 7-52 所示。

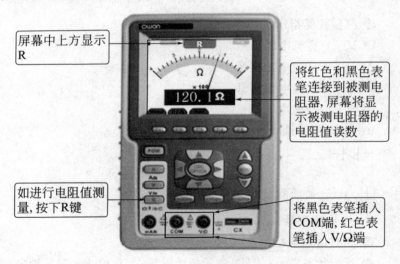

图 7-52　电阻测量

7.3.19　测量二极管

要测量二极管，执行下列步骤。

① 按下 R 键，屏幕中上方显示 R。

② 按 AUTO SET 键，直到屏幕中上方显示 ⊢▷⊦ 。

③ 将黑色表笔插入 COM "香蕉"插口输入端，红色表笔插入 V/Ω "香蕉"插口输入端。

④ 将红色和黑色表笔连接到被测二极管，屏幕将显示二极管的导通压降电压值读数。二极管测量显示的单位是 V，如图 7-53 所示。

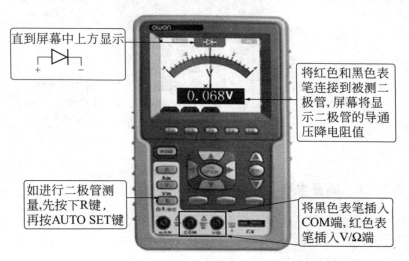

图 7-53　二极管测量

7.3.20　通断测试

要进行通断测试，执行下列步骤。

① 按下 R 键，屏幕中上方显示 R。

② 按 AUTO SET 键，直到屏幕中上方显示 ◁)) 。

③ 将黑色表笔插入 COM "香蕉"插口输入端，红色表笔插入 V/Ω "香蕉"插口输入端。

④ 将红色和黑色表笔连接到被测点。被测点电阻值小于 50Ω，

仪表将发出"滴滴"声音，如图 7-54 所示。

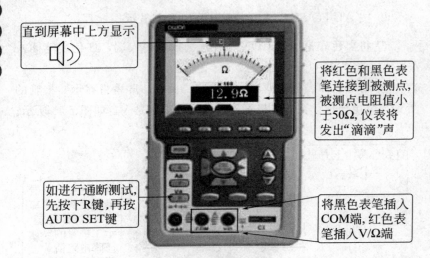

直到屏幕中上方显示

将红色和黑色表笔连接到被测点，被测点电阻值小于50Ω，仪表将发出"滴滴"声

如进行通断测试，先按下R键，再按AUTO SET键

将黑色表笔插入COM端，红色表笔插入V/Ω端

图 7-54　通断测量

7.3.21　测量电容

要测量电容，执行下列步骤。

① 按下 R 键，屏幕中上方显示 R。

② 按 AUTO SET 键，直到屏幕中上方显示 C。

③ 将被测电容插入方形电容插座，屏幕将显示被测电容的电容值读数。

注意

当测量小于 5nF 的电容时，请使用本仪表外带的小电容测量器，并使用相对值测量方式，能够提高测量的精确度，如图 7-55 所示。

7.3.22　测量直流电压

要测量直流电压，执行下列步骤。

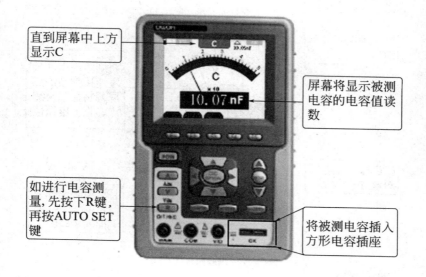

直到屏幕中上方显示C

屏幕将显示被测电容的电容值读数

如进行电容测量，先按下R键，再按AUTO SET键

将被测电容插入方形电容插座

图 7-55 电容测量

① 按下 V 键，屏幕中上方显示 DCV。

② 将黑色表笔插入 COM "香蕉" 插口输入端，红色表笔插入 V/Ω "香蕉" 插口输入端。

③ 将红色和黑色表笔连接到被测点。屏幕将显示被测点的直流电压值，如图 7-56 所示。

7.3.23 测量交流电压

要测量交流电压，执行下列步骤。

① 按下 V 键，屏幕中上方显示 DCV。

② 按 AUTO SET 键，屏幕中上方显示 ACV。

③ 将黑色表笔插入 COM "香蕉" 插口输入端，红色表笔插入 V/Ω "香蕉" 插口输入端。

④ 将红色和黑色表笔连接到被测点。屏幕将显示被测点的交流电压值，如图 7-57 所示。

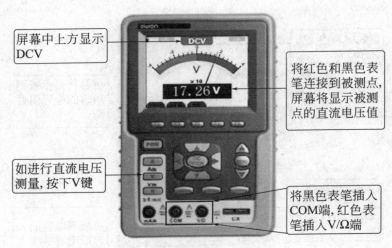

屏幕中上方显示 DCV

将红色和黑色表笔连接到被测点,屏幕将显示被测点的直流电压值

如进行直流电压测量,按下V键

将黑色表笔插入COM端,红色表笔插入V/Ω端

图 7-56 直流电压测量

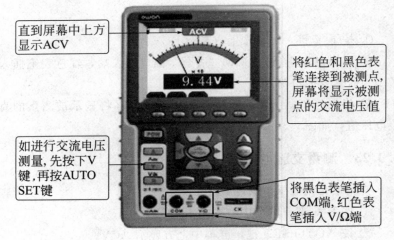

直到屏幕中上方显示ACV

将红色和黑色表笔连接到被测点,屏幕将显示被测点的交流电压值

如进行交流电压测量,先按下V键,再按AUTO SET键

将黑色表笔插入COM端,红色表笔插入V/Ω端

图 7-57 交流电压测量

7.3.24 测量直流电流

要测量小于 400mA 的直流电流,执行下列步骤。

① 按下 A 键，屏幕中上方显示 DCA，主读数窗口的单位显示为 mA，屏幕右下方会显示出 mA 和 20A 两个选项，可通过 F4 和 F5 键来选择不同的量程，默认为 400mA 量程。

② 将黑色表笔插入 COM "香蕉"插口输入端，红色表笔插入 mA "香蕉"插口输入端。

③ 将红色和黑色表笔连接到被测点。屏幕将显示被测点的直流电流值，如图 7-58 所示。

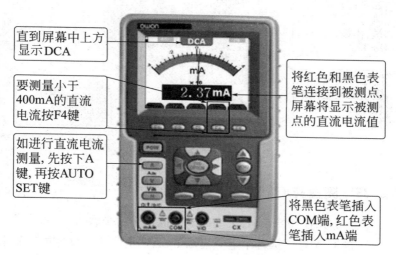

- 直到屏幕中上方显示 DCA
- 要测量小于 400mA 的直流电流按 F4 键
- 如进行直流电流测量，先按下 A 键，再按 AUTO SET 键
- 将红色和黑色表笔连接到被测点，屏幕将显示被测点的直流电流值
- 将黑色表笔插入 COM 端，红色表笔插入 mA 端

图 7-58　直流电流测量

要测量大于 400mA 的直流电流，执行下列步骤。

① 按下 A 键，屏幕中上方显示 DCA，主读数窗口的单位显示为 mA。

② 按 F5 键，选择 20A 量程，主读数窗口的单位显示为 A。

③ 把电流测量扩展模块插入电流测量插口，再把表笔插在扩展模块上。

④ 将红色和黑色表笔连接到被测点。屏幕将显示被测点的直流电流值。

⑤ 按 F4 键，量程将返回 400mA 量程，如图 7-59 所示。

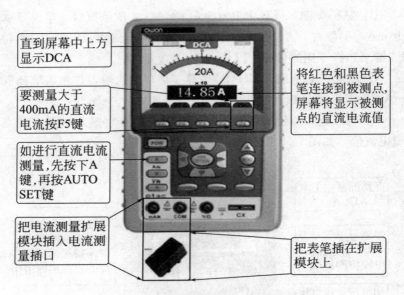

图 7-59 直流电流 20A 量程测量

7.3.25 测量交流电流

要测量小于 400mA 的交流电流，执行下列步骤。

① 按下 A 键，屏幕中上方显示 DCA，主读数窗口的单位显示为 mA，屏幕右下方会显示出 mA 和 20A 两个选项，可通过 F4 和 F5 键来选择不同的量程，默认为 400mA 量程。

② 按 AUTO SET 键，屏幕中上方显示 ACA。

③ 将黑色表笔插入 COM "香蕉" 插口输入端，红色表笔插入 mA "香蕉" 插口输入端。

④ 将红色和黑色表笔连接到被测点。屏幕将显示被测点的交流电流值，如图 7-60 所示。

要测量大于 400mA 的交流电流，执行下列步骤。

① 按下 A 键，屏幕中上方显示 DCA，主读数窗口的单位显示为 mA。

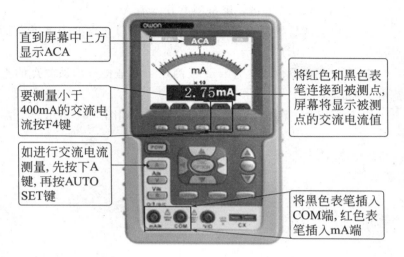

图 7-60　交流电流测量

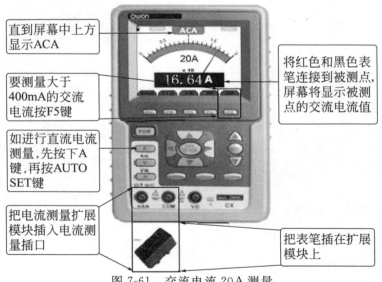

图 7-61　交流电流 20A 测量

② 按 F5 键，选择 20A 量程，主读数窗口的单位显示为 A。

③ 按 AUTO SET 键，屏幕中上方显示 ACA。

④ 把电流测量扩展模块插入电流测量插口，再把表笔插在扩展模块上。

⑤ 将红色和黑色表笔连接到被测点。屏幕将显示被测点的直流电流值。

⑥ 按 F4 键，量程将返回 400mA 量程，如图 7-61 所示。

第8章

示波器的测量

通过前面几章的学习我们应该已经掌握了各种示波器的使用方法，接下来就让我们把所学的知识、技能付诸实践吧！用示波器检修仪器设备故障有其优势：

① 用示波器判断故障迅速、直观，特别是判断疑难故障的得力工具；

② 用示波器波形检查法容易查出关键点直流电平变化不大的故障；

③ 用示波器检修仪器设备有利于查清故障机理。

下面举几个用示波器检修仪器设备故障的实例。

8.1 示波器测量前的准备

在测量前要对示波器自身进行必要的功能波形校准，在检修中，大部分被测物体只需要一个通道就可以完成测试。特殊的需要双通道甚至更多通道。下面主要以 MOS-620CH 型号的示波器为例来进行校准。

首先要把示波器的电源线与电网 220V 交流电接通，然后打开示波器电源，选择示波器 CH1 通道进行信号采集。示波器自身都有一个固定的频率（方波）输出，此款示波器输出为 1kHz 的频率。在实际测量时要注意表笔的开关在哪个位置，是×1、还是×10，在测量不明确的信号或者电压值比较高的信号，先选择×10挡位，避免损坏设备。

然后把探测笔加到示波器自身 1kHz 频率输出点上，即可得到方波波形，如果波形不满意，可以适当调节示波器面板上的 VO-LTS/DIV 和 TIME/DIV 两个旋钮，如图 8-1 所示。

调节示波器面板上的VOLTS/DIV和TIME/DIV两个旋钮，使波形便于观察

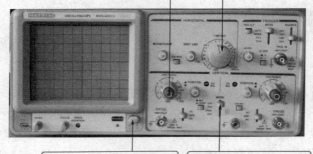

按下电源开关,开启电源

选择示波器CH1通道

图 8-1 示波器校准

校准后出现如图 8-2 所示的方波即为校准完成。在示波器校准完毕后，我们用实物来介绍一下示波器是如何在实际中进行测量的。

示波器显示屏上的方波

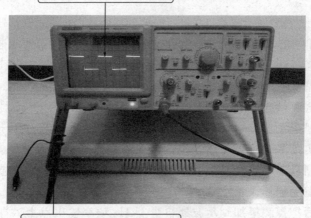

将示波器表笔打到×10位置

图 8-2 示波器方波波形

正

由于前面已经具体介绍了这款示波器的面板功能和使用方法，所以在这里就不做过多介绍了，如有不理解的地方大家可以翻看前面第 4 章的内容。

8.2 使用示波器测量开关电源

下面以家庭常用的数字电视接收机顶盒为例（如图 8-3 所示），来介绍一下开关电源关键点的波形的测量。

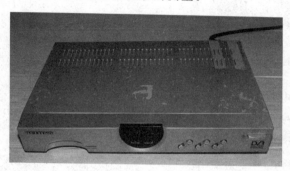

图 8-3　数字电视机顶盒

在检修一个开关电源时，首先大家要了解它的工作原理，知道关键点在哪，这是最重要的，这些关键点的电器参数及波形图，就需要借助示波器来测量。数字电视接收机顶盒开关电源，如图 8-4 所示。

图 8-4　数字电视接收机顶盒开关电源

图 8-5　隔离变压器

在测量开关电源初级电路时，需要加一个 1：1 的隔离变压器（如图 8-5 所示），也就是与外界 220V 电网完全隔离开来，否则会造成示波器及其他被测元件损坏。在这里还需要注意的是，在准备测量某一个点时，要先确定被测电路电源已关闭，待被测点接触稳定时再通电观察，否则会造成短路损坏等现象。

　　数字电视接收机顶盒开关电源板（如图 8-6 所示），它的主要功能是把电网电压交流 220V 转换成直流 3.3V、5V、12V、30V 等不同的电压，来供给负载使用。

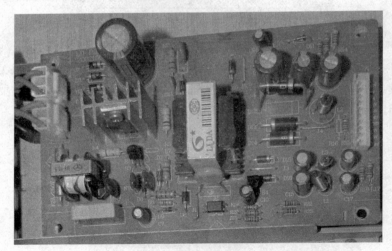

图 8-6　数字电视接收机顶盒开关电源板

　　数字电视接收机顶盒开关电源板原理图，如图 8-7 所示。

　　工作原理为：当 220V 电压输入时，经过保险及正温度系数热

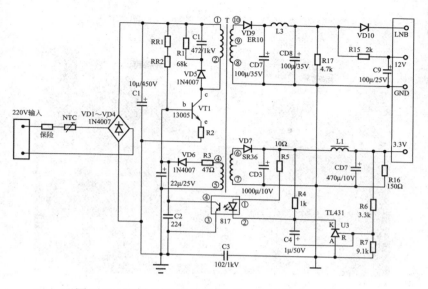

图 8-7 数字电视接收机顶盒开关电源板原理图

敏电阻，经过 VD1～VD4 整流二极管把交流 220V 变成直流约300V 左右的电压，在经过 C1 电容滤波后流经变压器 1、2 绕组在流至开关管 VT1 的 c 集电极。RR1 和 RR2 电阻为启动电阻，为开关管 b 基极提供必要的工作电压，变压器 4、5 绕组为反馈及供电作用，经过 R3、VD6 整流滤波后加到开关管 b 基极，使之工作在振荡状态，大约 45kHz，然后变压器次级就会输出想要的各种电压。

8.2.1 开关管 b 基极的波形测量

这时开关管的工作状态是什么样，万用表无法测得，这时就需要用示波器来测量了，为了证明开关管工作好坏，我们测量一下电源板开关管 b 基极的波形，探头连接方法（如图 8-8 所示），注意热地与冷地之分。

测量时操作步骤如下（如图 8-9 所示）。

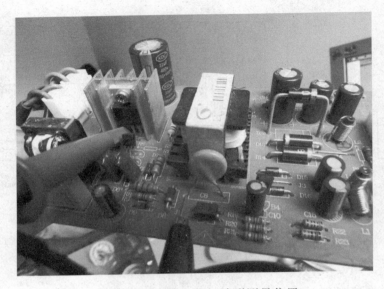

图 8-8 开关管 b 基极波形测量位置

调节示波器面板上的VOLTS/DIV
和TIME/DIV两个旋钮，使波形便
于观察

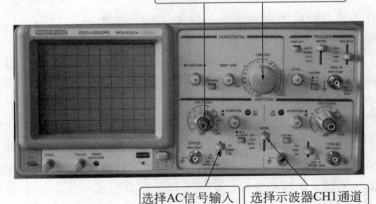

选择AC信号输入 选择示波器CH1通道

图 8-9 开关管 b 基极波形测量操作步骤

① 打开示波器电源，默认把示波器面板上的 VOLTS/DIV 和 TIME/DIV 两个旋钮放到中间位。

② 把探测笔打到×10 位置，把探头连接到如图 8-8 所示的开关管基极处。黑色接地夹夹到热地上。

③ 给被测电源板通电，即可在示波器上观察到波形，如果波形看不清可以适当调节 VOLTS/DIV 和 TIME/DIV 两个旋钮。

原理图中的位置如图 8-10 所示。

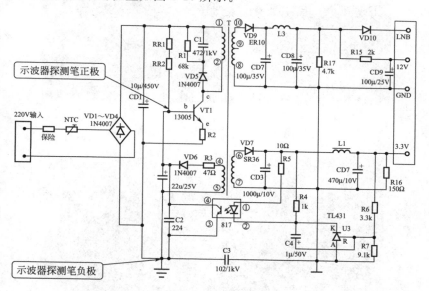

图 8-10　开关管 b 基极波形测量原理图位置

经过上面调试得到如图 8-11 所示波形。图中的波形为开关电源空载下的波形，如果接入负载，波形会适当发生变化。

8.2.2　开关电源次级输出绕组测量

接下来再测量一下开关电源的次级输出绕组，也就是整流二极管之前，探头连接方法如图 8-12 所示。

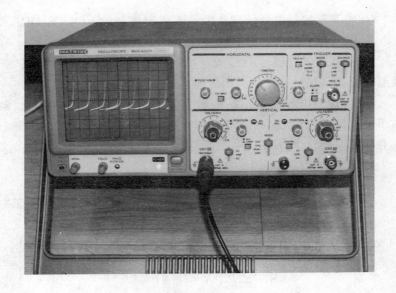

图 8-11　开关管 b 基极波形

图 8-12　测量开关电源次级输出绕组位置

测量时操作步骤如下 (如图 8-13 所示)。

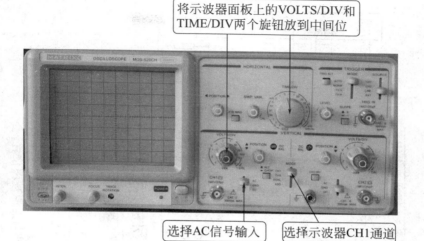

将示波器面板上的VOLTS/DIV和
TIME/DIV两个旋钮放到中间位

选择AC信号输入   选择示波器CH1通道

图 8-13   开关电源输出测量点操作步骤

① 打开示波器电源,默认示波器面板上的 VOLTS/DIV 和 TIME/DIV 两个旋钮放到中间位。

② 把探测笔打到×10 位置,探测笔的正极加到整流二极管的正极,黑色接地夹子接到冷地位置,如图 8-12 所示位置。

③ 给被测电源板通电,即可在示波器上观察到波形,如果波形看不清可以适当调节 VOLTS/DIV 和 TIME/DIV 两个旋钮。

具体原理图位置如图 8-14 所示。

经过上面调试得到如图 8-15 所示波形。此波形图就是开关变压器输出的高频交变脉冲波形,经过恢复整流二极管整流及电容滤波后才能得到平稳的直流电,供给所需的负载使用。

注意示波器的地线要与被测电路的地线正确接触,否则波形不正确,注意冷地及热地之分。

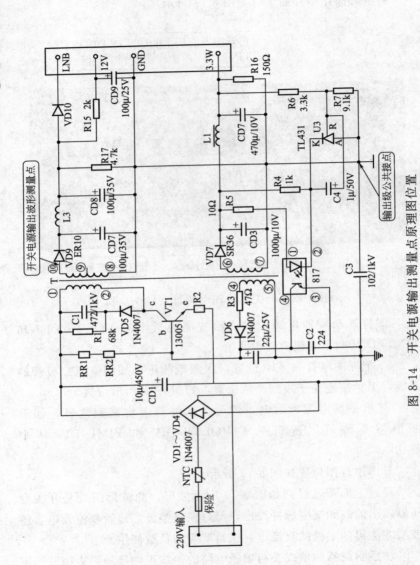

图 8-14　开关电源输出测量点原理图位置

图 8-15　开关电源次级输出绕组波形

8.3　使用示波器测量遥控器

　　家里用的电视机或者数字接收机、DVD 等都离不开红外遥控器，这些遥控器是我们生活娱乐中必不可少的工具，遥控器难免因为外界条件而损坏，常见的故障为 455M 晶振容易受外界振动等因素而损坏。如图 8-16 所示为一个数字机顶盒的遥控器。

图 8-16　数字机顶盒的遥控器

当遥控器出现故障时，就需要拆开遥控器外壳来观察。

在实际使用遥控器中，455M晶振是最常见的，也有个别不同的，当使用的遥控器发现不能正常使用的情况下，就要考虑以下几点。

① 用万用表看看电池是否还有电，电压过低需要换新电池。

② 用随身携带的手机摄像头（其他摄像头也行）对遥控器的

红外发光二极管照射，同时在任意按遥控器上的一个按键，看看摄像屏幕上是否出现白色光源，出现代表正常，不出现就要考虑内部电路问题。

③ 红外发射二极管开焊或者损坏，多数为开焊。

④ 内部电路板按键点黏性过大，需

图 8-17　455M晶振　要用卫生纸擦拭干净，胶皮按键也要用清水清洗油性赃物等。

⑤ 455M晶振损坏，455M晶振如图8-17所示。

⑥ 电路板 PCB 走线折断等。

以上6点故障，第5点是肉眼无法辨别的，需要用示波器来测量，看看振荡波形是否正常，正常波形为正弦波形。

测量时操作步骤如下（如图8-18所示）。

① 打开示波器电源，默认示波器面板上的 VOLTS/DIV 和 TIME/DIV 两个旋钮放到中间位。

② 把探测笔打到×10位置，示波器的负电接遥控器线路板负电，探测笔的正电分别测量455M晶振的两个引脚，并且给遥控器通电，同时按下任意一个按键，就应该得到波形，如果波形看不清可以适当调节 VOLTS/DIV 和 TIME/DIV 两个旋钮。

黑白线为 DC3V 供电，如果方便用遥控器自身壳体电池供电最好，胶皮按键和电路板的黑色按键点对应好，如图8-19所示。

任意按下遥控器的其中一个按键，测得的波形图如图8-20所示，表示正常。

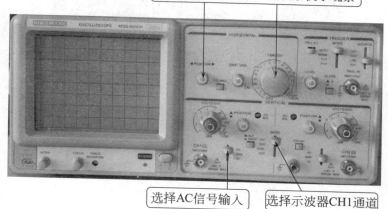

调节示波器面板上的VOLTS/DIV和 TIME/DIV两个旋钮,使波形便于观察

选择AC信号输入

选择示波器CH1通道

图 8-18　455M 晶振波形测量操作步骤

图 8-19　455M 晶振波形测量位置

以上只能证明晶振是好的,初步判断遥控器的主电路基本正常,下面要进一步确定,看看红外发射信号是否到位,如图 8-21 所示。

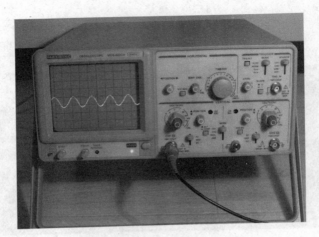

图 8-20　455M 晶振正弦波形

图 8-21　红外发射信号的测量

　　图 8-21 所示的遥控器电路板上的红外发射二极管，探测笔的正极与二极管的负极接通，探测笔的负极与遥控器电路板负极接通，按下任意按键，波形图如图 8-22 为正常。

　　以上为最简单实用的办法。

图 8-22　红外发射二极管的测量波形

8.4　使用示波器维修 ATX 电脑电源

　　电脑大家都不陌生，现在几乎每个家庭都至少有一台电脑，但是在我们实际使用中，往往因为外界电源的原因导致电脑无法正常开机运行。下面我们就以一个台式机为例，主要介绍一下台式机开关电源的工作原理及示波器测量的关键点。

　　图 8-23 为大家常见的台式机电脑专用的开关电源，在日常生活中，往往电脑的有关故障和这个开关电源有很大关系。

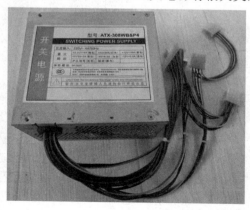

图 8-23　ATX 电脑电源

首先把这个开关电源的外壳打开，如图 8-24 所示。

图 8-24　ATX 电脑电源内部结构

图 8-24 就是电脑开关电源的内部元器件整体布局，下面就针对这个电脑开关电源简单地介绍一下它的工作原理，这对后期维修及示波器的测量有很大帮助。

ATX 电脑电源工作原理图如图 8-25 所示。

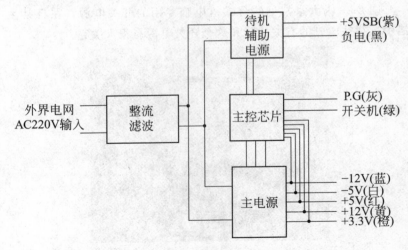

图 8-25　ATX 电脑电源工作原理图

当我们把电网电压通到电脑开关电源输入端，经过内部整流滤波，大约得到＋300V 的直流电压，经过待机辅助电源，不受外界命令控制便会输出一个＋5V 电压，送给电源内部，这时主控芯片正常工作，同时由紫色电线输出至电脑主板上，维持相关电路工作。此时主电源电路并没工作，相当于－12V＼－5V＼＋5V＼＋12V＼＋3.3V 都没有电压输出。

当按下电脑主机上的开机按键，此时电脑主板会给开关电源一个低电平信号，也就是绿色线，加到主控芯片上，主控芯片得到开机信号后便会发出指令让主电源开始工作。于是－12V＼－5V＼＋5V＼＋12V＼＋3.3V 各路电压便会正常输出，当电源主控芯片检测到各路电压都正常了，便会从灰色线发出一个命令，告诉电脑主板已经准备好了，可以正常工作了。于是电脑主板便会正常工作。

这就是电脑开关电源的工作流程，那么在维修这个电源的时候，就要脱离主板，来单独维修这个电源。这时就需要借助图 8-25 的工作原理，来模拟电脑主板发送的开机信号，让开关电源的电路工作。

我们把外界电网电压接到电脑开关电源输入口，然后用示波器测量一下看看电源输出的紫色线与黑色线之间有没有＋5V 电压。如果有，证明待机电源电路是好的（一般这部分电路不会出现故障）。然后就要查看主电源及控制芯片的电路，因为主要是以示波器测量为主，视为元件都正常，看一下关键点的波形。

在用示波器测量之前，还要简单地熟悉一下开关电源内部的主控芯片的工作原理。

一提到 ATX 电源，就使人联想起脉宽调制芯片 TL494 与电压比较器 LM339 两块"经典"IC 来。而新型专用控制芯片 AT2005B 兼有以上两芯片的功能。且其中电压比较器的数最多达 8 个，比 LM339 多一倍，加之内部还设计了一些专用的辅助控制电路，故以它为基础设计的 ATX 电源外围零件数更少，各种保护电路也更趋完善。目前，一些常见电源厂家如世纪之星、富士康、金河田等，都推出了采用 AT2005B 芯片的新型号 ATX 电源。

下面就以 AT2005B 芯片为例来简单介绍它的工作原理，如图 8-26 所示。

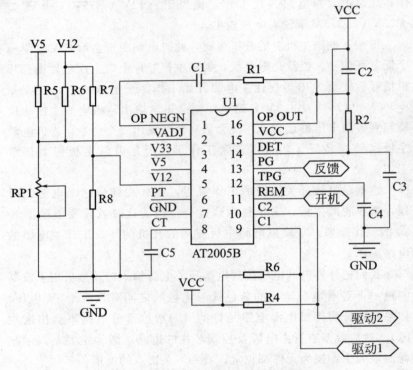

图 8-26　AT2005B 芯片工作原理

图 8-26 中 U1 芯片第❶脚为运放反相输入端（OP NEG IN），❶⑥脚为运放输出端（OP OUT）。它们外电路中该两脚间接有阻容串联补偿网络 R1、C1，以改善误差放大器的频率特性，消除自激并增加带宽。

❷脚为电压调整输入端，V5 和 V12 电压经电阻网络 R5 \ R6 \ RP1 分压取样后，经❷脚送入误差放大器。通过芯片内部调整 VR

可对开关电源输出电压进行调节。

❸ 脚（V33）、❹ 脚（V5）、❺ 脚（V12）分别为 3.3V，5V 及 12V 电压的过压/欠压检测输入端。

❻ 脚为一备用的过压/欠压保护检测输入端。

❼ 脚为电源地（GND）。

❽ 脚（CT）为锯齿波振荡电容接入端。图 8-26 中锯齿波振荡器的振荡频率 FOSC 由该脚外接电容 C5 的电容最决定。

❾ 脚（C1）、❿ 脚（C2）分别为驱动输出 1 与驱动输出 2，因为是漏极开路输出方式，外电路需分别加接上拉电阻 R3 \ R4。

⓫ 脚（REM）为远程开/关机信号输入端，低电平有效。当 REM 为低电平时，主电源开机，反之 REM 为高电平时关机。

⓬ 脚（TPG）为电源正常信号延迟时间设定端。

⓭ 脚（PG）为电源正常（POWERGOOD）信号输出端，高电平有效，当 PG 为高电平时电源正常。

⓮ 脚（DET）为信号检测输入端。误差放大器的输出 ⓰ 脚信号经隔离电阻 R2 接入 DET 端。

❷ 脚的取样电压越高，PWM 输出越大。导致 ❾ 脚（C1）与 ❿ 脚（C2）输出负脉冲越窄。经过驱动电路驱动主电源工作。

电容 C2 的作用是保障电源的软启动。在电源启动瞬间，电容 C2 上端的电压迅速上升，导致 ❾ 脚与 ❿ 脚输出的负脉冲变窄，从而降低开机瞬间的浪涌电流，也避免了开机浪涌电压使过压保护电路动作。电容 C3 则稳定了 ⓮ 脚的电压，当电容 C2 下端的电压突变经 R2 传送过来时，保证电源正常（POWERGOOD）信号的正确时序。

通过以上的原理介绍，我想大家应该明白我们要准备测量哪些地方的波形了。首先用示波器测量主控芯片的第 ❽ 引脚，观察一下是否出现锯齿波形（注意：需要加 1∶1 隔离变压器）。

测量时的操作步骤如下。

① 打开示波器电源，默认把示波器面板上的 VOLTS/DIV 和

TIME/DIV 两个旋钮放到中间位。我们此时选择通道 1 工作，如图 8-27 所示。

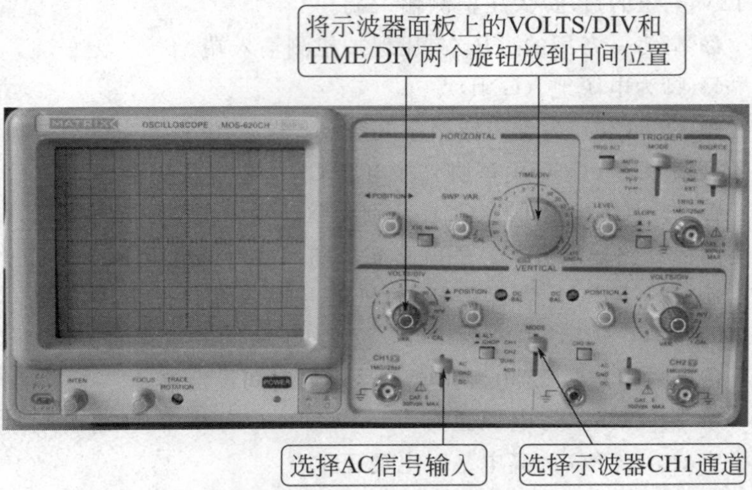

将示波器面板上的VOLTS/DIV和TIME/DIV两个旋钮放到中间位置

选择AC信号输入　选择示波器CH1通道

图 8-27　示波器调节

② 把探测笔打到×10 位置，把笔头和黑夹子分别夹到如图 8-28 所示。

图 8-28　示波器表笔测量位置

③ 给开关电源通电，用导体（镊子）将开关电源的绿色线
与黑色线短接，人为模拟主板送来的开机命令，如图 8-29
所示。

图 8-29   短接绿色线与黑色线

④ 短接后即可在示波器上观察到锯齿波形，如果波形看不清
可以适当调节 VOLTS/DIV 和 TIME/DIV 两个旋钮。波形图如图
8-30 所示。

图 8-30   示波器显示的锯齿波形

图 8-30 为芯片 AT2005B 的第❽脚输出波形图，初步证明芯片为正常。那么后极的输出是否正常，包括芯片的驱动信号是否正常还需要继续测量。

⑤ 在断电的基础上，把表笔放到主芯片的❾或❿脚上，看看是否有驱动信号输出，如图 8-31 所示。

图 8-31　示波器测量 AT2005B 芯片的引脚位置

⑥ 给开关电源通电，用导体（镊子）将开关电源的绿色线与黑色线短接，人为模拟主板送来的开机命令，示波器会出现如图 8-32 所示的波形。

图中显示的波形就是芯片❾脚或❿脚输出的驱动信号，这只是用示波器通道 1 来完成的，而芯片 AT2005B 的❾脚和❿脚是相互配合的，也就是波形存在时间上的差异，这就需要借助示波器的第二通道和第一通道共同来完成。具体操作步骤如图 8-33 所示。

⑦ 双通道测量芯片❾脚和❿脚的波形，看看时间上有什么区别。

a. 关掉被测电脑开关电源的 220V 交流供电，把示波器相应挡位参数调节到双通道模式。

b. 把两个通道的探测笔分别夹到电源主控芯片的❾脚和❿脚

图 8-32 示波器显示的波形

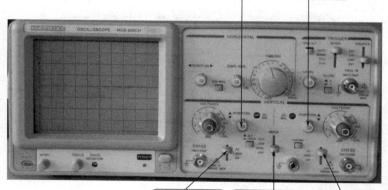

调节两个通道的POSITION旋钮, 以使轨迹能正常显示

通道1选择AC信号输入

选择示波器DUAL双通道

通道2选择AC信号输入

图 8-33 示波器双通道操作方法

相同的电气网络（因为两个引脚比较近，两个探测笔无法同时夹在 ❾脚和❿脚上，需要拉开一定距离才行，所以可以把探测笔夹到与之相同的电气连接点上即可）如图 8-34 所示。

图 8-34 测量主控芯片的引脚

c. 给被测电源上电，适当调节示波器的参数得到满意波形为止，如图 8-35 所示。

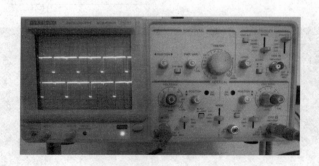

图 8-35 示波器显示的双通道波形

大家可以清晰地看到两个通道的波形是完全一样的，只是存在时间上的差异，还有就是波形会随着负载的变化发生变化，主要是为了满足负载供电的稳定性及功率问题。

由此可以证明开关电源的主控芯片电路是完好的，只要后极功率放大驱动电路不存在损坏现象，电源就可以正常工作了。

8.5 使用示波器维修汽车音响

本节我们主要介绍使用示波器测量汽车音响——筒式低音炮的主要方法。图8-36为一个常用的圆筒式低音炮。

图8-36 圆筒式低音炮

大家都知道，汽车电路绝大部分为DC12V供电，而我们后加的低音炮需要足够的功率，一般都不低于100W，那么低音炮的供电紧靠DC12V供电是达不到功率要求的，那么就需要在原有的DC12V的基础上进行升压，要想让低音炮保证足够的强有劲的低音输出能力，必须采用双电源供电，也就是把汽车的DC12V进行升压处理，得到大约正负DC20V左右的双电源来为低音炮电路供电。这样才能达到理想的效果。

升压电路的好坏，还有信号前级处理和后级放大，处理后的低音信号和处理前的信号区别，就需要用示波器去测量了。

在这里简单地介绍一下关于低音炮电路的升压部分及信号前后处理的关键点的测量，来看看波形是什么样的。

首先是升压部分简单原理图，如图8-37所示。

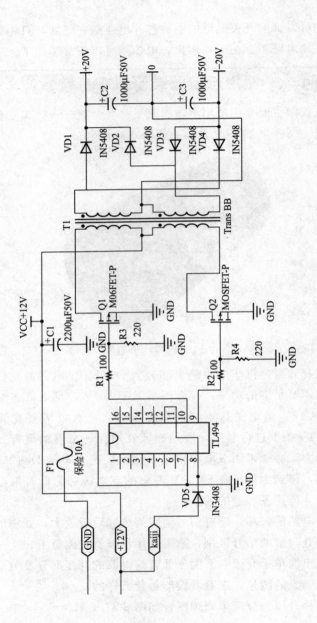

图 8-37 低音炮升压部分原理图

图中的 TL494 芯片为电源的振荡驱动部分，现在要用示波器观察芯片的 **❾**脚与 **❿**脚的振荡波形。当给电路上电后，芯片马上工作，通过 TL494 芯片外围电路使之正常工作，便会在 **❾**脚 **❿**脚输出方波信号，在这里我们简化了原理图，省略了芯片外围电路只看关键部分。那么拆开实物测量点如图 8-38 所示。

图 8-38   低音炮 TL494 芯片的电源振荡部分

图 8-38 中就是要测量的关键点，这时用示波器的通道 1 来测量。

操作步骤如下（如图 8-39 所示）。

① 打开示波器电源，默认把示波器面板上的 VOLTS/DIV 和 TIME/DIV 两个旋钮放到中间位。

② 把探测笔打到×10 位置，把笔头加到如图 8-39 所示的芯片 TL494 的 **❾**脚，黑夹子夹到散热片上，因为散热片与 0 点点位相通，也就是可以构成回路。

③ 给被测电源板通电，即可在示波器上观察到波形，如果波形看不清可以适当调节 VOLTS/DIV 和 TIME/DIV 两个旋钮。

测得的波形如图 8-40 所示，因为被测的对象千变万化，无法得到固定的电压幅度及频率值，所以示波器上的 VOLTS/DIV 和

调节示波器面板上的VOLTS/DIV和
TIME/DIV两个旋钮,使波形便于观察

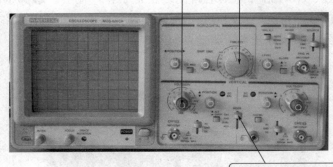

选择示波器CH1通道

图 8-39　TL494 芯片的电源部分测量操作步骤

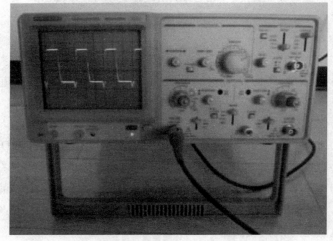

图 8-40　TL494 芯片的电源部分波形

TIME/DIV 两个旋钮, 要根据实际情况来调节, 达到满意的波形
为止。

这只是单通道正常, 那么还需要同时看一下另一个通道是否正

常，就需要示波器的第二通道。看看芯片的❾脚和❿脚是怎样交替输出的，如图 8-41 所示。

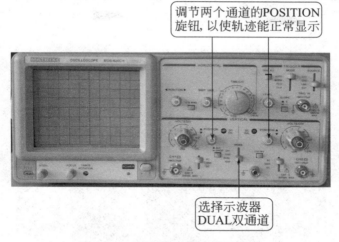

调节两个通道的POSITION旋钮，以使轨迹能正常显示

选择示波器DUAL双通道

图 8-41　示波器双通道操作方法

芯片 TL494 电源部分的第二通道的测量点，如图 8-42 所示。

图 8-42　TL494 电源部分的第二通道的测量点

图 8-42 所示为示波器测量的关键点，第二通道的表笔分别夹在两个电阻上，也就是分别夹在了芯片 TL494 的 ❾ 脚和 ❿ 脚相同网络的两端。这时我们开机看一下波形图，如图 8-43 所示。

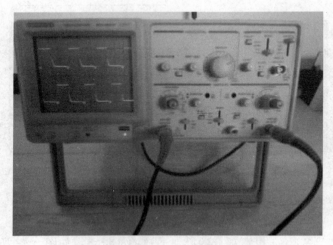

图 8-43　TL494 电源部分双通道测量波形

这就是双通道所测的波形图，也就是 TL494 芯片输出的工作波形，这个驱动信号加到原理图 Q1 和 Q2 的控制级，便会通过变压器 T1 升压。

电源升压部分介绍完了，下面介绍一下用示波器双通道测量音频信号输入与输出的差别，也就是当给功放输入音频信号时与经过电路处理之后到喇叭上的音频信号波形。

下面看一看经过低音处理后，滤掉了高频与中频信号，只剩下低频信号的波形图。在这里就不介绍功放电路的具体原理及原理图了。先给低音炮电路上电，图 8-44 为电源接线图，也就是主板正面视图。

然后将手机连接到低音炮电路的音频输入口上，用手机播放一首音乐，通过示波器观看波形效果，如图 8-45 所示。

图 8-44　低音炮电源的接线

图 8-45　示波器表笔测量点

图 8-45 为示波器双通道测量的关键点，第一通道测量输入前的音频信号波形，第二通道测量经过电路处理后的音频信号，也就是连接喇叭信号线。示波器双通道测量方法，如图 8-46 所示。

271

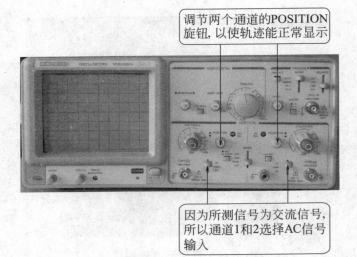

调节两个通道的POSITION
旋钮,以使轨迹能正常显示

因为所测信号为交流信号,
所以通道1和2选择AC信号
输入

图 8-46　示波器双通道测量

　　用手机把音乐信号加到功放电路的输入口，开机运行，观察一下所测的动态音频信号。示波器的 1 通道对应示波器屏幕上方的波形图，示波器的 2 通道对应示波器屏幕下方的波形图，如图 8-47 所示。

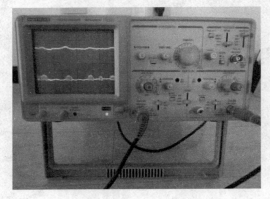

图 8-47　低音炮的音乐信号输出波形

　　上图就是测得的输入与输出音频信号波形图，在日常生活中，很多电子产品都离不开声音，这些声音都可以用示波器测得。

参 考 文 献

[1] 韩雪涛，韩广兴，吴瑛编著. 示波器使用技能速成全图解. 北京：化学工业出版社，2011.

[2] 张应龙. 仪表维修技术. 北京：化学工业出版社，2006.

[3] 路文玲. 电子测量仪器使用和维护. 北京：化学工业出版社，2009.